图解

扫地机器人
维修一本通

张新德　等 编著

U0288643

 化学工业出版社

·北京·

内容简介

本书采用彩色图解的方式，全面系统地介绍了扫地机器人的维修技能及案例，内容包括扫地机器人结构原理、维保工具、维修方法和技能、不同机型扫地机器人的典型故障维修及维护保养等。本书内容遵循从零基础到技能提高的梯级学习模式，注重维修知识与实践相结合，彩色图解重点突出，并对重要的知识点附以视频讲解，以提高学习效率，达到学以致用、举一反三的目的。

本书适合扫地机器人维修人员及职业院校、培训学校相关专业师生学习使用。

图书在版编目（CIP）数据

图解扫地机器人维修一本通 / 张新德等编著. —北京：化学
工业出版社，2021.6
ISBN 978-7-122-39070-7

Ⅰ.①图… Ⅱ.①张… Ⅲ.①日用电气器具 - 清扫机 -
维修 - 图解 Ⅳ.① TM925.39-64

中国版本图书馆 CIP 数据核字（2021）第 080826 号

责任编辑：徐卿华 李军亮　　　　　　　　文字编辑：徐　秀　师明远
责任校对：田睿涵　　　　　　　　　　　　装帧设计：关　飞

出版发行：化学工业出版社（北京市东城区青年湖南街13号　邮政编码100011）
印　　刷：三河市航远印刷有限公司
装　　订：三河市宇新装订厂
710mm×1000mm　1/16　印张9½　字数181千字　2022年1月北京第1版第1次印刷

购书咨询：010- 64518888　　　　　　　售后服务：010- 64518899
网　　址：http://www.cip.com.cn
凡购买本书，如有缺损质量问题，本社销售中心负责调换。

定　　价：49.00元　　　　　　　　　　　　　　　版权所有　违者必究

前 言

目前，扫地机器人已进入寻常百姓家，扫地机器人量大面广，因此需要更多的维修和保养人员熟练掌握扫地机器人的维修保养技术。为此，我们组织编写了本书，以满足广大扫地机器人维保人员的需要。希望该书的出版，能够给扫地机器人维修保养技术人员、扫地机器人企业的内培员工和售后维保人员提供帮助。

全书采用彩色图解和实物操作演练的形式（书中插入了关键安装、维修、保养操作的小视频，扫描书中二维码直接在手机上观看），希望能给读者提供一个全新的学习体验，使读者通过学习本书能快速掌握扫地机器人的维修保养知识和技能。

全书在内容的安排上，首先介绍扫地机器人维修的预备知识、结构组成和工作原理，然后重点介绍扫地机器人的维修技能。内容全面系统，着重维修演练，重点突出，形式新颖，图文并茂，配合视频讲解，使读者的学习体验更好，方便学后进行实修和保养操作。

本书所测数据，如未作特殊说明，均为采用 MF47 型指针式万用表和 DT9205A 型数字万用表测得。为方便读者查询对照，本书所用符号遵循厂家实物标注（各厂家标注不完全一样），不作国标统一。

本书由张新德等编著，刘淑华同志参加了部分内容的编写和文字录入工作，同时张利平、张云坤、张泽宁等在资料收集、实物拍摄、图片处理上提供了支持。

由于水平有限，书中疏漏之处在所难免，恳请广大读者批评指正。

编著者

目 录

第一章　扫地机器人维修的预备知识　/ 001

第一节　概述　/ 001
第二节　蓄电池　/ 002
　　　一、镍氢蓄电池　/ 002
　　　二、锂蓄电池　/ 003
　　　三、扫地机器人蓄电池　/ 004
第三节　直流电动机　/ 006
第四节　吸尘器　/ 009
第五节　拖地器　/ 010
第六节　单片机　/ 011
第七节　传感器　/ 012
第八节　遥控　/ 023
第九节　虚拟墙　/ 024
第十节　自动回充　/ 026
第十一节　拆装机　/ 028

第二章　扫地机器人的结构与工作原理　/ 031

第一节　扫地机器人的功能　/ 031
第二节　扫地机器人的结构组成　/ 033
　　　一、外形及组成部件　/ 033
　　　二、主机外部组成　/ 034
　　　三、充电座外部组成　/ 035
　　　四、虚拟墙外部组成　/ 035
　　　五、主机内部电路组成　/ 036
　　　六、机械系统组成　/ 037
　　　七、电源电路　/ 041
　　　八、MCU 电路　/ 043
　　　九、防撞传感器电路　/ 045

十、防跌落传感器电路 / 046

十一、电动机驱动电路 / 046

十二、程序软件组成 / 047

第三节 扫地机器人的工作原理 / 047

第三章 扫地机器人的维保工具 / 051

第一节 通用工具 / 051

第二节 专用工具 / 054

第四章 扫地机器人的维修方法与维修技能 / 060

第一节 维修原则和维修方法 / 060

一、维修原则 / 060

二、维修方法 / 060

第二节 典型故障维修 / 062

一、扫地机器人按开关机键后，不能开机 / 062

二、扫地机器人工作过程中突然停机 / 063

三、扫地机器人遥控器失灵 / 064

四、扫地机器人充不进电 / 065

五、扫地机器人不能自动回充 / 065

六、扫地机器人工作时噪声大 / 066

七、扫地机器人清扫时毛刷和驱动轮能转动，但不能吸尘 / 067

八、扫地机器人毛刷不转 / 067

九、扫地机器人左右轮不转 / 069

第三节 换板维修 / 070

第五章 扫地机器人的故障维修案例 / 072

第一节 360扫地机器人故障维修 / 072

例1 360智能扫地机器人当电量较低时不能自己返回充电桩
充电 / 072

例2 360智能扫地机器人清扫过程中突然出现较大噪声 / 073

例3 360智能扫地机器人进行清扫时，机器跑几秒就暂停，
电扇、毛刷和轮子都不转 / 074

第二节 Zeco扫地机器人故障维修 / 075

例 1　智歌 Zeco V770 扫地机器人不能充电　/ 075

例 2　智歌 Zeco V770 扫地机器人不能工作或清洁工作微弱　/ 076

例 3　智歌 Zeco V770 家用扫地机器人遥控器不能工作　/ 078

第三节　福玛特扫地机器人故障维修　/ 078

例 1　福玛特 R- 770 扫地机器人一直在原地打转　/ 078

例 2　福玛特 R- 770 扫地机器人不能自动回充　/ 079

第四节　石头、米家扫地机器人故障维修　/ 080

例 1　石头扫地机器人边刷不转　/ 080

例 2　石头扫地机器人按开关机键后不能开机　/ 081

例 3　小米扫地机器人清扫时报错误 4（主机悬崖传感器出现
异常）　/ 082

例 4　小米扫地机器人清扫时出现提示：内部错误，请重置　/ 083

第五节　TCL、iRobot 扫地机器人故障维修　/ 084

例 1　TCL R1 扫地机器人返回充电失败　/ 084

例 2　艾罗伯特（iRobot 870）扫地机器人清扫不干净　/ 086

例 3　艾罗伯特（iRobot 880）扫地机器人清扫时原地转圈　/ 086

第六节　ILIFE 智意扫地机器人故障维修　/ 088

例 1　ILIFE 智意 X620 扫地机器人有时能遥控有时不能遥控　/ 088

例 2　ILIFE 智意 V5S 扫地机器人工作过程中突然停机　/ 089

第七节　飞利浦扫地机器人故障维修　/ 090

例 1　飞利浦 FC8774 扫地机器人扫地过程中原地打转　/ 090

例 2　飞利浦 FC8810 扫地机器人驱动轮不转动，其他部位工作
正常　/ 091

第八节　海尔扫地机器人故障维修　/ 092

例 1　海尔 SWR- T320 探路者扫地机器人不能充电　/ 092

例 2　海尔玛奇朵 M2 扫地机器人主机未按预约时间自动清扫　/ 093

第九节　科沃斯扫地机器人故障维修　/ 094

例 1　科沃斯 CEN553 扫地机器人扫扫停停报警　/ 094

例 2　科沃斯 CEN530 扫地机器人充电时指示灯一直闪烁，充不上电　/ 095

例 3　科沃斯 CEN630 扫地机器人轮子不转动　/ 096

例 4　科沃斯 CEN630 扫地机器人工作时间短　/ 097

例 5　科沃斯 TBD710 扫地机器人工作过程中停机并报警　/ 098

例 6　科沃斯 CEN82 扫地机器人使用一段时间后爬坡能力变差　/ 099

例 7　科沃斯 CR120 扫地机器人充电异常　/ 100

第六章　扫地机器人的维护保养　/101

第一节　日常维护保养　/101
第二节　计划养护　/102
第三节　专项保养　/103
　　一、尘盒与滤网的清理　/103
　　二、渗水抹布组件的清理　/104
　　三、滚刷与边刷的清理　/105
　　四、万向轮的清理　/107
　　五、驱动轮的清理　/108
　　六、感应器、充电极片等其他组件的清理　/109
　　七、蓄电池的保养　/110
　　八、电动机的保养　/110

附录　/112

附录一　选购使用资料　/112
　　一、如何选购扫地机器人　/112
　　二、如何安全使用扫地机器人　/115
附录二　维修资料　/119
　　一、地贝扫地机器人故障代码　/119
　　二、智歌（Zeco）扫地机器人故障代码　/120
　　三、智意（ILIFE）扫地机器人警示代码　/120
　　四、智意（ILIFE）X5 扫地机器人故障代码　/121
　　五、智意（ILIFE）X785、X787 扫地机器人故障代码与警示代码　/121
　　六、米家扫地机器人故障代码　/122
　　七、浦桑尼克（Proscenic）扫地机器人故障代码　/123
　　八、科沃斯扫地机器人警示代码　/123
　　九、飞利浦扫地机器人故障代码　/125
　　十、海尔扫地机器人故障代码　/125
　　十一、78L05 三端稳压块实物技术资料　/127
　　十二、AMS1117 线性稳压器实物技术资料　/128
　　十三、AXP223 电源系统管理芯片实物技术资料　/129
　　十四、D882 功率三极管实物技术资料　/130
　　十五、DRV8801 电动机驱动块实物技术资料　/131
　　十六、EM78P173NSO14J 单片机实物技术资料　/132

十七、FDS8958A 双 MOSFET 实物技术资料　/133

十八、FR9024N 场效应管实物技术资料　/134

十九、LM224 四运放实物技术资料　/135

二十、LM258 双运算放大器实物技术资料　/136

二十一、LM293 电压比较器实物技术资料　/137

二十二、MC34063AL 升压电路芯片实物技术资料　/138

二十三、RTL8189ETV WiFi 模块实物技术资料　/139

二十四、S8050 红外 LED 的驱动管实物技术资料　/140

二十五、STM32F071VBT6 主控 MCU 实物技术资料　/141

二十六、STM32F103VBT6 主控 MCU 实物技术资料　/142

二十七、TM1628 带触控的数码管模块实物技术资料　/143

二十八、WTV040- 20SS 一次性编程（OTP）语音芯片实物技术资料　/144

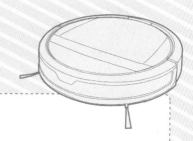

第一章

扫地机器人维修的预备知识

第一节　概　述

　　扫地机器人（如图 1-1 所示）又称自动打扫机、智能吸尘机、懒人扫地机器人、机器人吸尘器、导航扫地机器人等，能够完成清扫、吸尘、擦地工作的机器人，都可统一称为扫地机器人。扫地机器人的机身为无线机器，以圆盘形、方形为主。使用充电电池运作，操作方式以遥控器、手机 APP 或机器上的操作面板进行操作控制。它可以提前设置好时间，到点它能启动扫地或湿拖模式，工作时可自动规划路线自动行走。它是智能家用电器的一种，能凭借单片机的人工智能，按照主人的要求自动在房间内完成地板的清扫及拖地工作，电力耗尽时能自动回到固定地点进行充电。

图 1-1　扫地机器人

扫地机器人扫地时一般采用刷扫和真空方式，将地面杂物先吸纳进入自身的垃圾收纳盒，从而完成地面清扫、吸尘功能。而拖地则是通过扫地机器人自带的水箱和拖布，通过智能调节控制渗水量，从而达到湿拖全屋的目的。

由于扫地机器人具有简单的操作性能及使用的便利性，现今已慢慢普及到家庭，成为现代家庭的一种智能小家电。

第二节　蓄电池

蓄电池是电池的一种，它是将化学能和直流电能相互转化且放电后能经充电复原重复使用的一种装置，又称充电蓄电池、二次蓄电池。扫地机器人主要采用两类蓄电池，一类是镍氢蓄电池；另一类是锂蓄电池。

一、镍氢蓄电池

镍氢蓄电池有圆柱形和方形两种，两种形状的蓄电池内部结构相同，主要由氢氧化镍作正极，储氢合金作负极，其他部分由隔膜、壳体、顶盖、电解液、密封和绝缘材料等构成。

图 1-2 所示为圆柱镍氢蓄电池的结构。在圆柱形蓄电池中，正负极用隔膜纸分开卷绕在一起，然后密封在钢壳中。在方形蓄电池中，正负极由隔膜纸分开后叠成层状密封在钢壳之内。

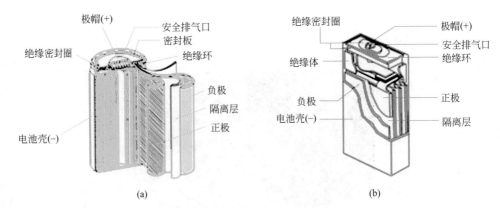

图 1-2　圆柱镍氢蓄电池的结构

镍氢蓄电池电极反应为：

正极：$Ni(OH)_2 + OH^- \Longrightarrow NiOOH + H_2O + e^-$

负极：$M + H_2O + e^- \Longrightarrow MH + OH^-$

总反应：$Ni(OH)_2 + M \Longrightarrow NiOOH + MH$

注：M 为储氢合金，H 为全部氢。

> ◆ **提示** 镍氢蓄电池、镍镉蓄电池同属碱性蓄电池，镍氢蓄电池的负极材料是吸藏氢气的合金材料（M）。镍氢蓄电池在扫地机器人上广泛采用。

二、锂蓄电池

锂是世界上最轻的金属，其化学符号为 Li，是一种银白色、十分柔软、化学性能活泼的金属。它除了应用于原子能工业外，还可制造特种合金、特种玻璃（电视机上用的荧光屏玻璃）及锂电池。在锂电池中它用作电池的阳极。构成蓄电池时，输出电压近 4.2V。锂离子蓄电池的正极活性物质为钴酸锂，负极活性物质为炭，包含在电极及隔膜里的电解质是聚合物胶体电解质。新型锂蓄电池将负极材料炭变成了石墨，使放电电压更平稳，同时提高了负极板的活性物质填充密度。

新型锂离子蓄电池形状的自由度高、薄、轻，归因于该类电池采用了以铝箔为基材、外层用 PET 膜、内层用聚丙烯膜（密封胶）的薄片材料。各种构成材料的厚度分别为 PET 膜 12μm、铝 50μm、聚丙烯膜 50μm。各种材料之间采用独立开发的黏合方法，从而提高了耐电解液性，同时又保持了自身的强度。

锂蓄电池内部大多采用螺旋绕制结构，用一种非常精细而渗透性很强的聚乙烯薄膜隔离材料在正、负极间间隔而成。正极包括由锂和二氧化钴组成的锂离子收集极及由铝薄膜组成的电流收集极。负极由片状碳材料组成的锂离子收集极和铜薄膜组成的电流收集极组成。电池内充有有机电解质溶液。另外还装有安全阀和 PTC 元件，以便电池在不正常状态及输出短路时保护电池不受损坏。

锂离子电池的正极材料通常由锂的活性化合物组成，负极则是特殊分子结构的炭（石墨）。常见的正极材料主要成分为 $LiCoO_2$（不同的锂离子电池，其正极材料不尽相同，也有采用 $LiMnO_2$、$LiNiO_2$ 等），充电时，加在电池两极的电势迫使正极的化合物释放出锂离子，嵌入负极分子排列呈片层结构的炭中；放电时，锂离子则从负极片层结构的炭中析出，重新和正极的化合物结合，锂离子的移动产生了电流（电子移动方向与电流方向相反）。如图 1-3 所示。负极的炭采用片层结构，能够提供更大的空间供锂离子储存，从而提供更大的充放电电流。

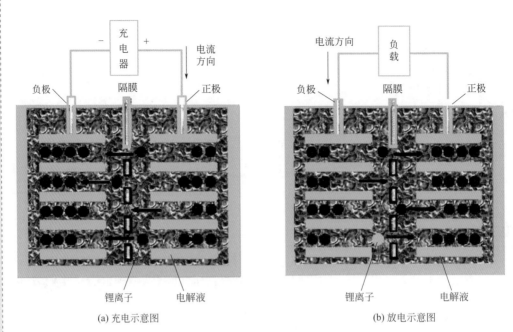

(a) 充电示意图   (b) 放电示意图

图 1-3 锂蓄电池的原理

　　锂离子电池的正极材料需要添加剂来保持多次充放电的活性，负极的材料需要在分子结构级去设计以容纳更多的锂离子；填充在正负极之间的电解液，除了保持稳定，还需要具有良好的导电性，以减少电池内阻。以 $LiCoO_2$ 作为正极材料的锂离子电池为例，其化学反应式如下。

　　锂蓄电池放电化学反应式：

　　负极：$Li - e^- == Li^+$

　　正极：$CoO_2 + e^- == CoO_2$

　　总反应式：$Li^+ + CoO_2 == LiCoO_2$

　　锂蓄电池充电化学反应式：

　　正极：$Li - e^- == Li^+$

　　负极：$CoO_2 + e^- == CoO_2$

　　总反应式：$Li^+ + CoO_2^- == LiCoO_2$

更换电池

三、扫地机器人蓄电池

　　扫地机器人由于要不定时、不限制区域地作业，所以都是采用蓄电池供电的无线工作方式。扫地机器人的蓄电池有镍氢电池（如图 1-4 所示）、锂电池（如图 1-5 所示）两种，其中锂电池又分为聚合物锂离子电池和动力型铁锂电池。

　　镍氢电池带记忆功能，如果第一次充电是 3 小时，镍氢电池就会记住这个充电的时间，超过 3 小时，其充电效率就特别低，所以第 1 次充电时间要达到 12 小时，这样记忆时间就足够长了，其充电效率更高，镍氢电池成本低、污染少、瞬间放电电流比较大，动力性更好，在低端扫地机器人上应用得较多。锂电池无记忆功能，瞬间放电电流没有镍氢电池大，电压比镍氢电池更稳定，使用寿命也更长久，但安全系数低。锂电池是环保型电池，可以通过 ROHS 及欧盟要求的相关安全认证，同时锂电池具有快充、容量大、没有记忆功能等优点。

图 1-4　镍氢电池

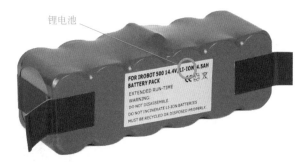

图 1-5　锂电池

　　在扫地机器人中大多采用动力型镍氢电池和聚合物锂电池，因为聚合物锂电池安全性比较高（不易爆炸），重量也比较轻，电压高，同体积电池，其能量密度比镍氢电池、铅酸电池高出很多，且没有充放电记忆效应，随用随充，使用寿命超过 700 次。

　　扫地机器人电池采用锂电池更为轻巧，镍氢电池体积略大；在易用性方面，锂电池没有记忆效应，可以随充随用，而镍氢电池不能快速充电，所以会导致充电所需时间较长；而在安全性和稳定性方面表现得最好的是动力型铁锂电池（如图 1-6 所示）。扫地机器人的电池类型、

图 1-6　动力型铁锂电池

容量等因素都会影响扫地机器人的充电耗时、续航时间等。大部分扫地机器人的蓄电池容量都是在 3000mA·h 左右，配备这种电池的扫地机器人可清扫 150m² 左右的房子。

市面上还有镍镉、镍铬电池，但镍镉、镍铬电池不是环保型电池，欧盟对进口产品有强制性的 ROHS（电气、电子设备中限制使用某些有害物质指令）认证，所以装配了镍铬电池的扫地机器人是不能出口到欧盟国家的。

第三节　直流电动机

电动机（如图 1-7 所示为直流电动机模型）是指依据电磁感应定律实现电能转换或传递的一种电磁装置，在电路中用字母"M"（旧标准用"D"）表示。它的主要作用是产生驱动转矩，作为用电器或各种机械的动力源。主要分为直流电动机和交流电动机，除大型扫地机器人外，扫地机器人大多采用直流电动机。

扫地机器人直流电机

直流电动机（如图 1-8 所示）是使用直流电源来实现运转的电动机。由定子和转子（电枢）构成。定子为磁场部分，其励磁方式有自励和他励两种。

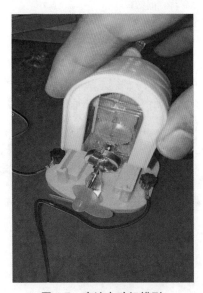

图 1-7　直流电动机模型

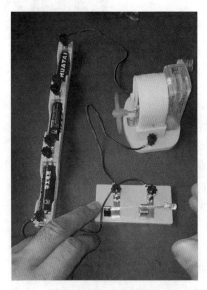

图 1-8　直流电动机在直流电驱动下转动

其中，自励式电动机按照其励磁绕组与转子（电枢）绕组连接方式的不同，又分为并励、串励及复励三种，在实际使用中，以并励式较为常见。

直流电动机的转子为能量转换部分，其绕组为自身闭路的直流绕组，通过换向器及电刷交换成交流电在磁场的驱动下旋转。

1. 定子

定子是电动机工作时不转动的部分。轮毂式电动机轴也叫定子，由于电动机轴位于中心部位，故将这种电动机称为内定子电动机，如图1-9所示。

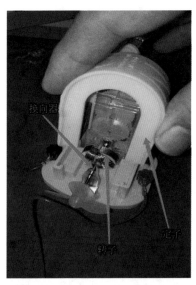

图1-9 定子、转子和换向器

2. 转子

转子是电动机工作时转动的部分。轮毂式电动机的外壳叫转子，故又可以称为外转子电动机。

3. 换向器

换向器在有刷电动机里是一种起电流换向作用的器件。换向器具有相互绝缘的条状金属表面，当电动机转动时，条状金属交替接触电刷的正负极，从而实现电动机线圈电流方向的正负交替变化。

4. 电刷

电刷是一种传输电能的器件，由于其主要成分是炭，故也称为炭刷。它安装在有刷电动机的换向器表面，电动机转动时，将电能通过换向器输送给线圈。

5.刷握

刷握是电刷的支架，在有刷电动机里面利用刷握来盛装电刷，并起固定电刷位置的作用。

6.磁钢

磁钢是一种高磁场强度的磁性材料，电动机里磁钢一般采用钕铁硼稀土磁钢。

7.有刷电动机

有刷电动机是在电动机上安装电刷。电动机工作时，线圈和换向器旋转，磁钢和电刷不转，依靠换向器和电刷来完成线圈电流方向的正负交替变化，来实现线圈电流的换向。在扫地机器人中，目前有很大一部分扫地机器人公司为了减少整体成本，选用的是有刷电动机，有刷电动机又称为炭刷电动机。这种电动机的工作声音大，耗电量大，寿命短。

8.无刷电动机

无刷电动机没有电刷和换向器，由控制器提供不同电流方向的直流电，使电动机里面的线圈电流方向交替变化，从而达到换向的目的。无刷电动机具有转速高、寿命长、吸力大的特点。

不管是采用有刷电动机还是无刷电动机，扫地机器人大多由微型减速直流电动机（如图 1-10 所示）驱动。这类减速电动机的电压通常在 24V 以下，传动方式通常采用直齿轮、斜齿轮、行星齿轮、蜗轮蜗杆，材质通常采用塑胶、金属材质，其力矩、输出转速、噪声、减速比、级数通常按照使用场合来进行分类设计。

图 1-10　微型减速直流电动机

电动机是扫地机器人的吸尘动力源，也是扫地机器人的核心部件。采用有刷电动机的扫地机器人吸力较小，而且由于炭刷损耗也会带来寿命短的问题，但是前期投入成本较低。采用无刷电动机的扫地机器人不存在炭刷的损耗问题，寿命较长、阻力小、吸力大、噪声小，但是前期投入成本较高，多在高端机型中采用。

第四节　吸尘器

风的流动是由气压差来推动的，由气压高的一端流向气压低的一端，气压低的一端产生类似"真空"，真空就有吸力。吸尘器是利用"真空"产生吸力的原理制成的，又称真空吸尘器。其工作原理是通过吸尘器内部的电动机高速运转，带动电动机轴上叶片组成的叶轮高速转动，将空气推向吸尘器的出气口一侧，这就使得叶轮的另一侧——进气口方向的空气密度与气压随之降低，低于吸尘器外部的环境气压，从而使外部空气灰尘从吸尘器进气口流进机体内。

扫地机器人的实质就是一台吸尘器，只不过在吸尘器的基础上增加了智能控制功能，其核心就是吸尘电动机（如图 1-11 所示）。扫地机器人吸尘器的工作原理是吸尘电动机高速旋转，产生强大的吸力，从吸入口吸入空气，灰尘和毛发通过滚刷、边刷收集后被强大的吸力吸入尘盒（如图 1-13 所示）。被吸入的空气再通过三级滤网（HP 过滤系统，如图 1-12 所示）过滤，灰尘被三级滤网挡在尘盒内部，过滤后的空气经电动机吸入后流出，从而达到收集灰尘、过滤空气的目的。

拆换吸尘电动机

拆换滤网

图 1-11　吸尘电动机

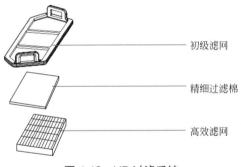

初级滤网

精细过滤棉

高效滤网

图 1-12　HP 过滤系统

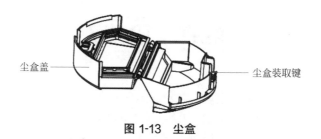

尘盒盖 —— 尘盒装取键

图 1-13　尘盒

　　吸尘器主要由边刷、滚刷、尘盒、三级过滤网和吸尘电动机组成，是扫地机器人的核心部件。

第五节　拖地器

　　扫地机器人不光具有吸尘功能，还具有拖地功能，拖地功能与吸尘功能不同之处在于拖地时不用吸尘盒，而是采用储水器和拖地抹布。储水器和拖地抹布（如图 1-14 所示）构成了拖地器。拖地器既可将粗垃圾吸入，又可将地面拖干净。拖地时将原集尘盒取下，换上拖地器即可，如图 1-15 所示。

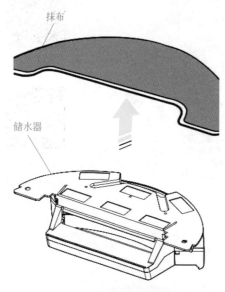

抹布

储水器

图 1-14　储水器和拖地抹布

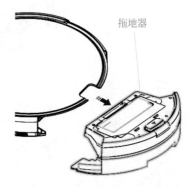

拖地器

图 1-15　换上拖地器

　　储水器在拖地的过程中不断渗水，拖地抹布变湿，随着扫地机器人的走动，抹布就将整个屋子重新抹了一遍，从而达到拖地的目的。

第六节　单片机

单片机是一种集成电路芯片，是采用超大规模集成电路技术把具有数据处理能力的中央处理器 CPU、随机存储器 RAM、只读存储器 ROM、多种 I/O 口和中断系统、定时器/计数器等功能（可能还包括显示驱动电路、脉宽调制电路、模拟多路转换器、A/D 转换器等电路）集成到一块硅片上，构成的一个小而完善的微型计算机系统。它实质上就是 MCU，MCU 的中文名称为"微控制单元"，又称"单片微型计算机"，简称"单片机"（例如扫地机器人常用单片机 STC89C52RC 如图 1-16 所示）。单片机应用广泛，当 MCU 被应用到扫地机器人行业时，传统扫地机器人的整体性能都得到了很大程度的提升，从非智能化到智能化产生了质的飞跃。

图 1-16　扫地机器人常用单片机 STC89C52RC

单片机就和人的大脑一样，是整个人体的指挥中枢。先接收处理信息，然后发出指令，单片机本身并不能控制扫地机器人，它必须借助外部传感器（如声、光、压力、温度等传感器）接收的信号转换成电信号，然后传给单片机的 I/O 口，单片机根据事先编好的程序运行后得出相应的结果，发出指令，这些指令通过 I/O 口传到外部驱动元件如晶体管，这些元件再驱动大功率的电器如电动机运动。扫地机器人通过单片机发出指令，驱动大功率管的开关控制行走轮电动机、滚刷电动机、边刷电动机、吸尘电动机的运转，从而达到自动运行、自动吸尘的目的。

单独的单片机不能完成智能化功能，必须借助于供电电源（干电源、蓄电池等）、各种传感器（循迹传感器、超声波避障传感器、红外传感器等）、执行机构（显示屏、驱动电动机）来完成智能化工作，如图 1-17 所示。

图 1-17　单片机及外围组成结构框图

第七节　传感器

机器人离不开各种各样的传感器，扫地机器人也不例外。传感器是用来感知外部环境、操作指令，从而通过单片机发出相应指令，自动完成各种操作动作。扫地机器人常用的传感器有以下几种。

1.红外线传感器

红外线又称红外光，它具有反射、折射、散射、干涉和吸收等性质，红外线传感器就是利用红外线的反射性质来测量距离的传感器，一般包括红外线发射管和红外线接收管（如图1-18所示）。红外线发射管发射红外线信号，红外线信号碰到障碍物后反射回到红外线接收管，通过反射的时间计算发射管到障碍物之间的距离。扫地机器人就是利用红外线测距传感器来防止撞击障碍物。

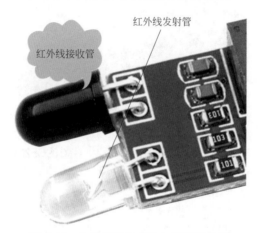

图1-18　红外线发射管和红外线接收管

红外线传感器在扫地机器人中又称低电量自动返回充电对位器、遥控收发器，其安装位置如图1-19所示。

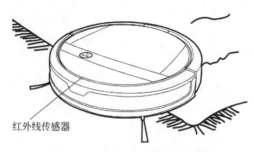

图1-19　红外线传感器安装位置

红外线传感器测量时不与被测物体直接接触，因而不存在摩擦，并且有灵敏度高、反应快的优点，在智能化机器设备中广泛应用。

2. 超声波传感器

超声波传感器是利用超声波的特性研制而成的传感器。超声波是一种振动频率高于声波的机械波， 由换能晶片在电压的激励下发生振动产生的，具有频率高、波长短、绕射现象少，特别是方向性好、具有定向射线传播等特点。尤其是在液体和固体中的穿透能力很强，碰到杂质或分界面会产生显著反射形成反射回波，碰到活动物体能产生多普勒效应，在国防、工业制造、生物医学等方面有广泛的应用。

超声波传感器是由发射器发射某一方向的超声波，此时开始计时，当超声波碰到障碍物时立即反射，反射的超声波信号被超声波接收器收到后停止计时，将所计的时间与超声波的速率相乘即为超声波走过距离的 2 倍，从而可测得发射点与障碍物之间的距离。超声波传感器由两个超声波管组成：一个是超声波发射管，另一个是超声波接收管，如图 1-20 所示。

超声波发射管

超声波接收管

图 1-20　超声波传感器

超声波传感器在扫地机器人中又称防撞传感器，其安装位置如图 1-21 所示。超声波传感器又称防跌落传感器，其安装位置如图 1-22 所示。

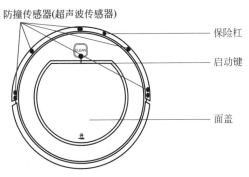

防撞传感器(超声波传感器)

保险杠

启动键

面盖

图 1-21　超声波传感器安装位置（俯视图）

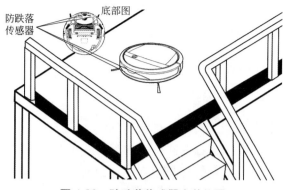

图 1-22　防跌落传感器安装位置

> ❖ **提示**　超声波传感器和红外线传感器统称为接近度传感器，其作用是使机器人能够识别障碍物。

3. 陀螺仪传感器

我们小时玩的地陀螺（如图 1-23 所示）就是最基本的陀螺仪。地陀螺高速旋转时，陀螺可以竖直不倒，而且能保持与地面垂直，也就是说，陀螺旋转轴的方向是不变的。陀螺仪传感器也是根据这一原理制成的，它是一种能够精准检测运行物体转动角速度的电子器件。其设计原理是利用运行惯性，即一个高速旋转的物体，其旋转轴所指的方向是不受外力影响的，旋转轴的方向是不变的。扫地机器人就是利用陀螺仪传感器来保持前行的方向，可以自动直线行进，对扫地机器人的清扫导航起到至关重要的作用，扫地机器人多采用多轴陀螺仪传感器，多轴陀螺仪传感器最大的作用就是测量角速度，以判断物体的运动状态，所以也称为"运动传感器"。陀螺仪传感器在扫地机器人中主要用于测量其转弯或坡度变化的大小。

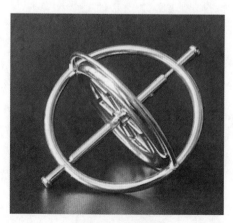

图 1-23　地陀螺

新型扫地机器人大多采用陀螺仪传感器（如图 1-24 所示为扫地机器人陀螺仪模块模组 GPM01，其内置 XV7001BB 陀螺仪芯片）进行导航，让扫地导航更精准，不仅能够灵敏感应方向、速度及坡度的变化，而且还能灵活调整行进方向和路线，结合网格智能算法，在提高覆盖率的同时，大大降低了扫地机器人清扫的重复率。

图 1-24　扫地机器人陀螺仪模块模组

扫地机器人陀螺仪模块模组一般集成在主控板上，如图 1-25 所示。

陀螺仪传感器一般集成在其内部的主控板上

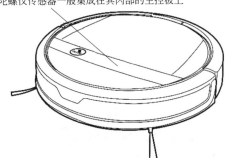

图 1-25　扫地机器人陀螺仪模块的位置

4.电容传感器

电容传感器如图 1-26 所示，是一种将其他量的变换以电容的变化体现出来的仪器。电容传感器是将被测的力学量（如位移、力、速度等）转换成电容变化的传感器。其主要由上下两电极、绝缘体、衬底构成，在压力作用下，薄膜产生一定的形变，上、下级间距离发生变化，导致电容变化，但电容并不随极间距离的变化而线性变化，还需测量电路对输出电容进行的非线性补偿。

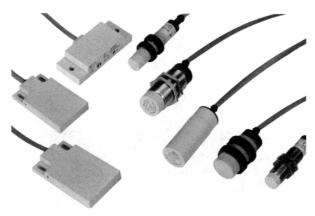

图 1-26 电容传感器

从能量转换的角度而言，电容变换器为无源变换器，需要将所测的力学量转换成电压或电流后进行放大和处理。力学量中的线位移、角位移、间隔、距离、厚度、拉伸、压缩、膨胀、变形等无不与长度有着密切联系，这些量又都是通过长度或者长度比值进行测量。要改变电容值通常有三个方法：改变电容极间介质的介电常数、极板面积和极板距离。这三者任意改动均会引起电容值的变化，将电容值的变化输送到单片机，从而达到感知外界变化的目的。

在扫地机器人中，电容传感器多用来检测灰尘盒是否装满（如图 1-27 所示），所以又称防尘满传感器，它是一种介质型电容传感器。当灰尘盒中灰尘的高度达到电容传感器高度时，电容传感器中的介质发生了改变，由于灰尘的介电常数与空气的介电常数不同，从而引起电容传感器电容变化，传感器将信号传给单片机，单片机控制扫地机器人发出报警信号，提醒用户应该清理灰尘盒了。

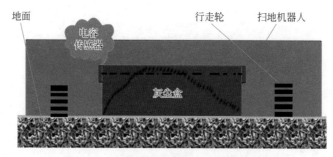

图 1-27 电容传感器检测灰尘盒是否装满

5. 光电边缘检测传感器

光电边缘检测传感器又称光电传感器、接近传感器（如图 1-28 所示），传感器分为漫反射型、反馈反射型、对射型等，光电发射器对目标不断地发射光束，光电接收器接收信号后，将光能量转换为电流给后极检测电路，将检测的信号传送给单片机，由单片机发出相应的指令。

图 1-28　光电传感器

防撞板动作
原理

在扫地机器人中，光电边缘检测传感器（如图 1-29 所示）相当于一个开关，在扫地机器人的两侧各装有一个，用于保证机器人可以始终贴着墙的边缘走，这样就可以对墙壁边缘死角进行更好的清扫。有的扫地机器人采用机械式光电开关（如图 1-30 所示），当防撞板动作时，就会将光电开关的光信号隔断，使光电开关动作，从而根据碰撞方向对扫地机器人的行走方向作细微调整，保证扫地机器人可以始终贴着墙的边缘走。

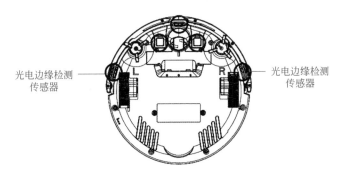

光电边缘检测
传感器

光电边缘检测
传感器

图 1-29　光电边缘检测传感器

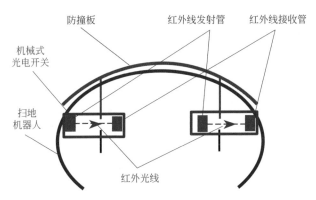

防撞板　　红外线发射管　　红外线接收管

机械式
光电开关

扫地
机器人

红外光线

图 1-30　光电边缘检测传感器（机械式光电开关）

6. 电子罗盘

电子罗盘（又称电子指南针）是利用地磁场来检测扫地机器人相对地磁场方向偏转角度的传感器。电子罗盘是由高可靠性的磁性传感器（一般有两个以上）及驱动芯片组成，称为电子罗盘模块（图 1-31 所示为三轴电子罗盘模块）。磁性传感器里面包含一个 LR 振荡电路，当磁性传感器与地球磁感线平行方向夹角发生变化时，LR 振荡电路的磁感应系数也会发生相应的变化，其变化值通过驱动芯片计算，就可算出磁性传感器与地球磁感线之间的夹角。

图 1-31 电子罗盘模块

一个驱动芯片可以连接三个磁性传感器，三个磁性传感器方向互为垂直，这样就可以测量在三维方向上与地球磁感线的夹角，得到当前的三维方向，也称为三轴（X、Y、Z）电子罗盘模块。电子罗盘模块只要得到水平方向上与地球磁感线的夹角就可以测得方向。

电子罗盘一般集成在主控板上，其位置与地面保持水平，如图 1-32 所示。

电子罗盘集成在其内部的主控板上

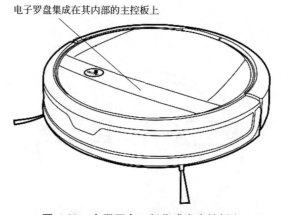

图 1-32 电子罗盘一般集成在主控板上

7. 光电编码器

光电编码器（又称光电旋转编码器，如图 1-33 所示）是扫地机器人的位置和速度检测传感器，主要用来计算扫地机器人所走的速度和里程。光电编码器通过减速器和驱动轮电动机同轴相连（或联轴器相连），以编码的方式记录驱动电动机旋转角度对应的脉冲，能够计算出扫地机器人相对某一参考点的瞬间位置，有了光电编码器就可显示扫地机器人扫地的里程。光电编码器在高档的扫地机器人中多有采用，低档的扫地机器人中则大多没有采用。

图 1-33　光电编码器

扫地机器人光电编码器安装在主动轮的一侧，如图 1-34 所示。

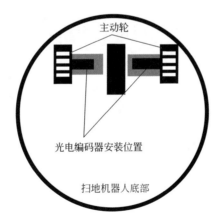

图 1-34　光电编码器安装在主动轮的一侧

8. 防过热传感器

防过热传感器实际上就是一个温度传感器，它是一个测温模块（如图 1-35 所示）。它是为了防止扫地机器人持续工作导致电动机过热而烧坏的传感器。在扫地机器人电路板上安装了温度传感器。扫地机器人工作一段时间后，当电动机温度达到一定阈值时，温度传感器发送信号给单片机，单片机控制扫地机器人停止工作，同时开启散热风扇散热降温。当温度降到阈值时，温度传感器又发送信号给单片机，单片机控制扫地机器人继续工作。

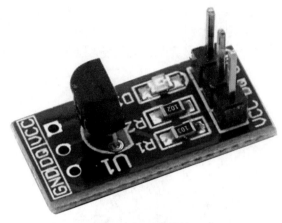

图 1-35　测温模块

扫地机器人防过热传感器一般安装在其主电路板上或主动轮的驱动板上（如图 1-36 所示）。

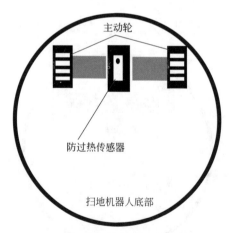

图 1-36　防过热传感器安装位置

9.光敏传感器

光敏传感器实质上就是一个光敏电阻加上信号放大电路，是一个光敏传感器模块（如图 1-37 所示）。当扫地机器人在床底或柜子底开始工作时，光敏传感器接收的光强信号较弱；当扫地机器人离开床底或柜子底时，光敏传感器接收到的光强信号较强，发送信号给单片机，单片机控制扫地机器人转向，重新回到暗处工作，从而可使扫地机器人完成深度清扫的工作。

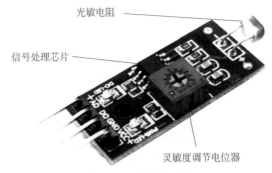

图 1-37 光敏传感器

在扫地机器人中，光敏传感器安装在扫地机器人的顶部，其位置如图 1-38 所示。

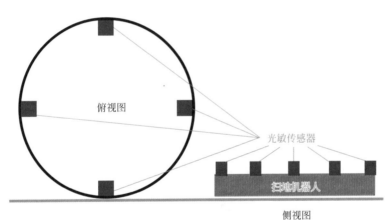

图 1-38 光敏传感器位置

10. 激光传感器

在高端的扫地机器人中还采用 LDS（激光雷达）激光测距传感器（如图 1-39 所示），该传感器相当于机器人的眼睛，它会以一定的速率扫描房间，获取距离信息。激光测距传感器主要由旋转电动机、激光二极管和雪崩光电二极管组成，旋转电动机能够使激光传感器进行 360° 房间扫描，激光二极管发射激光束，雪崩光电二极管接收返回的激光束并进行内部放大。传感器内部电路记录并处理光脉冲发出到返回被接收所需要的时间，从而可计算出传感器离目标的距离。

激光测距传感器将扫描信息发送到图像传感器，并将具体位置标注到图像的像素点上（位置），这样就可以形成清扫路线图，可无死角且无重复地进行全屋清扫。同时，采用激光测距传感器的扫地机器人，其导航回家也是通过扫描并定位充电座，识别它在地图上的像素点（位置）。当房间全部清扫完成后，它会自动规划最短路线返回充电座充电。

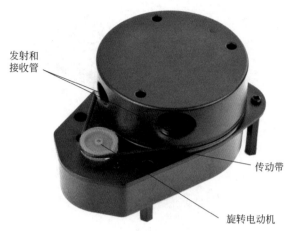

图 1-39　LDS 激光测距传感器

11. 压力传感器

压力传感器（如图 1-40 所示）通常是由压力敏感元件和信号处理单元组成。按不同的测试压力方式，压力传感器可分为表压传感器、差压传感器和绝压传感器。

图 1-40　压力传感器

在扫地机器人中，压力传感器配在激光测距传感器的上盖，一般是采用全向压力感应器，它的作用是能够检测机器人的顶部是否有障碍物及与障碍物的距离信息，依此判断是否可以钻进去，可以避免机器人不必要的碰撞和卡住等情况。

扫地机器人常用传感器类型及个数：防撞传感器（超声波传感器，一般 3 个）；防跌落传感器（超声波传感器，一般 3 个）；防过热传感器（温度传感器，一般 2 个）；床底深度清扫传感器（光敏传感器，一般 4 个或 8 个）；灰尘盒防满传感器（电容传感器，一般 2 个）；低电量自动返回充电对位器（红外线传感器，一般 2 个）；边缘检测传感器（光电传感器，一般 2 个）；遥控收发器（红外线传感器，一般 2 个）；自动规划传感器（激光测距传感器，一般 1 个，相当于扫地机器人的眼睛，一般位于扫地机器人的顶部）；压力传感器（位于激光测距传感器的上盖位置，一般只有 1 个）。

扫地机器人全
部传感器

扫地机器人的传感器有限多，不同品牌的扫地机器人，其传感器的种类、数量和安装位置不尽相同。

第八节　遥控

扫地机器人遥控器大多采用红外线遥控器，它是利用波长为 0.76 ～ 1.5μm 的近红外线来传送控制信号的遥控设备。常用的红外遥控系统一般分发射和接收两个部分。

遥控发射部分的主要元件为红外发光二极管（如图 1-41 所示）。它实际上就是一只不可见光的发光二极管，其红外线波长约为 940nm，外形和普通发光二极管一样。遥控接收部分的主要元件也是红外接收二极管，由于红外发光二极管的发射功率一般都只有 100mW 左右，所以红外接收二极管接收到的信号比较微弱，接收电路需要增加高增益的放大电路对信号进行放大。

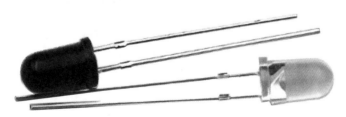

图 1-41　红外发光二极管

红外遥控常用的载波频率是由发射端的晶振频率决定的，用晶振频率除以 12（分频系数）就得到载波频率。例如发射端用 455kHz 晶振，455kHz / 12 就得到载波频率约为 38kHz，不同的晶振决定了不同的载波频率。

发射端将控制信号通过编码（6000 多组固定码或 10 万多组滚动码）加载到红外载波信号中，接收端将编码的载波信号接收后，通过解码还原控制信号，就可对电器进行 10m 以内的无障碍遥控，且对其他电器无任何干扰。红外遥控系统在电器遥控中有广泛的应用，在扫地机器人中也不例外。

扫地机器人遥控系统包括遥控发射器（如图 1-42 所示）和遥控接收器（如图 1-43 所示）两部分。

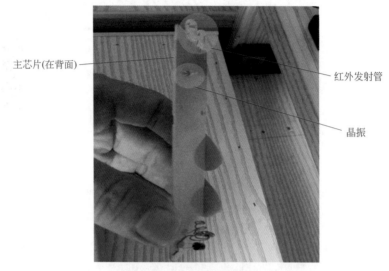

主芯片(在背面)

红外发射管

晶振

图 1-42　遥控发射器

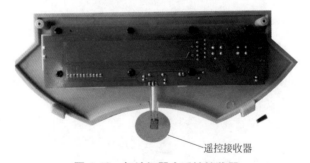

遥控接收器

图 1-43　扫地机器人遥控接收器

第九节　虚拟墙

虚拟墙（有时又称灯塔）就像是一堵墙，但不是墙，扫地机器人可以感知到该墙的存在，扫地机器人不会越过虚拟墙，从而使扫地机器人对清扫区域进行分区。

所以虚拟墙就是一个能被扫地机器人感知的硬件，该硬件能发射出看不见摸不着的感应场或信号，对扫地机器人进行阻隔。要让虚拟墙起作用，首要条件是扫地机器人应该具有虚拟墙传感器。一般高端的扫地机器人才具有虚拟墙传感器。

扫地机器人的虚拟墙有二种，一种是有源虚拟墙，一种是无源虚拟墙。有源虚拟墙需要有供电电源，虚拟墙发出红外线信号，当扫地机器人感知到该红外线时自动避开（如图1-44所示）。

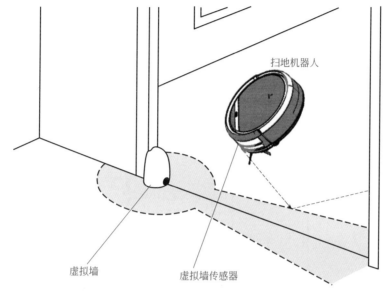

图 1-44　虚拟墙传感器

无源虚拟墙就是不用电源的虚拟墙（又称边界标记），一般采用粘贴磁条形成虚拟墙，其实就是带磁性的胶条（如图1-45所示）。当扫地机器人感知磁条后，就不会越过磁条，从而起到虚拟墙的作用。

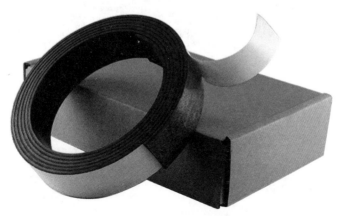

图 1-45　无源虚拟墙

第十节　自动回充

　　扫地机器人回充包括自动导航回家（如图1-46所示）和自动走上充电座接触充电极片进行充电（如图1-47所示）两层含义。扫地机器人清扫完成后自动导入回家模式，扫地机器人自动导航回家，有采用红外线定位的，有采用蓝牙定位的，有采用雷达定位的，还有采用超声波定位的。目前的主流定位模式是红外线定位模式（如图1-48所示），它是利用充电座上的信号发射头发射的信号被主机接收后，主机就会自动找到充电座。

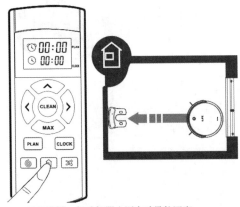

按回家键，扫地机器人则自动导航回家

图1-46　自动导航回家

图1-47　自动走上充电座接触充电极片进行充电

图1-48　红外线定位模式

当扫地机器人检测到电池电压偏低时，单片机则会发出指令，使扫地机器人自动导航回家。

当扫地机器人导航回到充电座上时，通过自动调整角度和方向，扫地机器人下方的充电极片与充电座上的充电极片接触，单片机收到充电信号后，则停止运转，一直保持充电状态（如图 1-49 所示）。

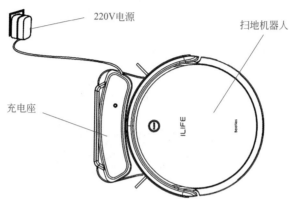

图 1-49　保持充电状态

充电座一直是通过红外线、超声波或蓝牙的任意一种无线信号发出扇形的引导信号（如图 1-50 所示），就像雷达一样给扫地机器人引导方向。扫地机器人若需要导航回家，则会将充电座发来的信号接收，并按充电座的指引导航回家。

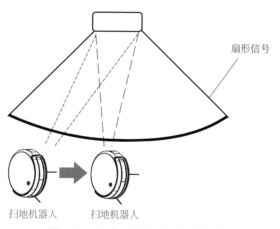

图 1-50　充电座发出扇形引导信号

扫地机器人电极片要与充电座上的电极片正确对位，除导航正确外，还要正确对位，不管是采用红外线、蓝牙还是超声波均要正确对位，也就是说，扫地机器人在进入充电座之前，要正对充电座。若扫地机器人往左偏了，则其右边的接收信号量少，单片机指令驱动轮往右边偏转；若扫地机器人往右偏了，则其左边的接收信号量少，单片机指令驱动轮往左边偏转。只有左右边接收的信号一致时，则说明对位正确，单片机指令驱动轮往正前方行走，直到充电极片完全接触到，充电系统得到正常的充电电流即停止运行，保持充电状态不变。如图 1-51 所示。

图 1-51　扫地机器人对位示意图

若采用超声波定位来寻找充电基座，超声波主要通过反射式测距来定位物体，类似于蝙蝠通过三角定位来计算物体和自己的距离，超声波测距对电路的制造成本要求较高，只有高端扫地机器人才采用这种对位方法。

若采用蓝牙定位来寻找充电基座，蓝牙是通过测量信号的强度来定位的，它的功率比较低，通过蓝牙制造的定位系统体积比较小，非常容易集成在扫地机器人的电路中，而且采用蓝牙不受障碍物的阻挡，在隔壁房间也能正常定位。

第十一节　拆装机

拆装机是维修的前提，拆装扫地机器人应注意方法和步骤，不同的扫地机器人，其拆装机方法和步骤不完全相同，但大体方法和步骤类似。下面介绍拆装扫地机器人的方法和步骤。

扫地机器人易损件拆卸方法

① 拆下扫地机器人的易损件，如边刷、滚刷、万向轮、尘盒、电池等，如图 1-52 所示。

② 拆下扫地机器人的防撞板及盖板。旋下固定前面防撞板上的固定条，拆下扫地机器人的防撞板，再旋下盖板底下的固定

螺钉，拆下防撞板及盖板，如图 1-53 所示。

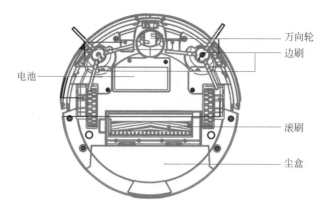

图 1-52　拆下扫地机器人的易损件

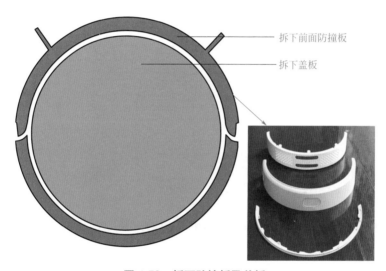

图 1-53　拆下防撞板及盖板

③ 拆扫地机器人的主机。拆下盖板后，就露出了扫地机器人的主板（如图 1-54 所示）。拆下主板固定螺钉和插接器可拆下主板。

④ 拆扫地机器人的充电座。扫地机器人的充电座（如图 1-55 所示）具有两个功能：一是为扫地机器人主机提供充电电源；二是为扫地机器人导航回家提供信号基站。

扫地机器人主
机拆卸方法

拆装扫地机器
人充电座

主板

图 1-54　扫地机器人的主板

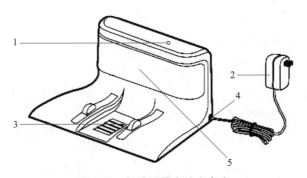

图 1-55　扫地机器人的充电座

1—电源指示灯；2—适配器；3—充电极片；4—适配器插口；5—基站信号发射窗

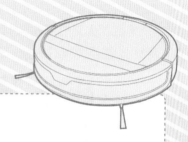

第二章

扫地机器人的结构与工作原理

第一节　扫地机器人的功能

① 既然是机器人就具有智能功能，扫地机器人也具有智能功能。扫地机器人不但可以遥控操作，还可以进行语音操作或手机远程操作。另外，扫地机器人可自动启动工作，电量不足时智能回充电桩充电（图 2-1 所示为新型广角回充功能标识），充满电后自动保护。设定程序后，扫地机器人每天自动工作，全程不需要人工干预，自动工作和休息，并且可以提前预约扫地机器人的打扫时间，出差在外也可对家里进行清扫。

图 2-1　新型广角回充功能

② 吸尘是扫地机器人的核心功能。扫地机器人的核心部件就是微型吸尘器，它将房间的灰尘吸入到扫地机器人的尘盒内部。所以扫地机器人实质上就是一个微型吸尘器，只不过增加了人工智能和打扫功能。将清扫和吸尘合二为一，实现了自动化和智能化。

③ 打扫是扫地机器人的基本功能。扫地机器人不但能够进行大面积的打扫，还能够对房间的隐蔽处、房间边角、家具底部等狭小空间（如图 2-2 所示）进行自

动打扫。打扫后的灰尘通过吸尘器吸入到尘盒内，从而完成垃圾的收集工作。并且扫地机器人具有随机式打扫（同一个地方可能反复清扫）、规划式打扫（定位式打扫，一般不重复打扫同一个地方，如图 2-3 所示的弓字清扫）等多种方式。

底部　边角

图 2-2　可对房间边角、家具底部等狭小空间进行清扫

图 2-3　弓字清扫

④ 拖地是扫地机器人辅助功能。这是新型扫地机器人具有的一项新功能，它是利用储水盒和拖布（如图 2-4 所示）的自动渗水功能来智能完成拖地功能（如图 2-5 所示），使扫地机器人不但具有吸尘器功能，又具有拖把的功能。

储水盒、尘盒

拖布

图 2-4　储水盒和拖布

图 2-5　拖地功能示意图

⑤ 净化空气是扫地机器人的辅助功能，很多新型扫地机器人具有该功能。它是在扫地机器人内部安装负离子发生器，通过负离子发生器产生的负氧离子对空气进行净化，使空气更清新，从而达到洁净空气的目的。

⑥ 杀菌是扫地机器人的辅助功能，在高档的扫地机器人中多有应用。它是在扫地机器人的底座上安装紫外线杀菌装置（如图 2-6 所示），紫外线照到之处便可进行自动杀菌工作，当扫地机器人开始打扫时就能同时完成杀菌工作。

图 2-6　紫外线杀菌装置

⑦ 自动检测虚拟墙。当房间某些区域暂时不需要扫地机器人进入清扫时，可放置虚拟墙，扫地机器人检测到虚拟墙后，则不会越过虚拟墙（如图 2-7 所示）。

虚拟墙
发射红外线阻挡机器人
进入房间

图 2-7　自动检测虚拟墙

第二节　扫地机器人的结构组成

一、外形及组成部件

外形及部件
组成

扫地机器人由主机、充电座、遥控器、虚拟墙、电源适配器等大部件和边刷、尘盒、水箱、抹布、清洁刷等耗材组成（如图 2-8

所示），其中主机就是独立的扫地机器人，充电座、电源适配器和虚拟墙是辅助扫地机器人工作的部件。

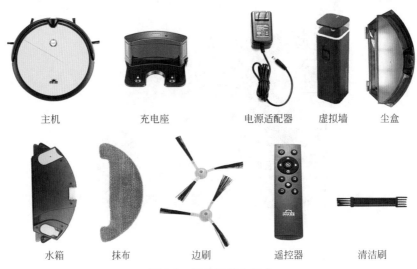

图 2-8　扫地机器人组成

二、主机外部组成

扫地机器人主机的外形及面部组成如图 2-9 所示，该部分主要是扫地机器人的控制按钮、指示和传感装置等部件。底面组成如图 2-10 所示，该部分主要是扫地机器人的扫刷、驱动轮、尘盒和传感装置等部件。

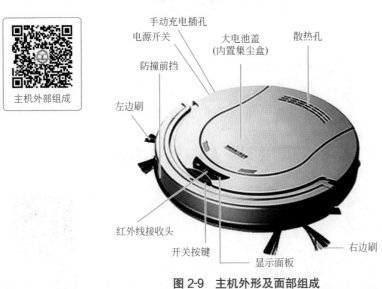

图 2-9　主机外形及面部组成

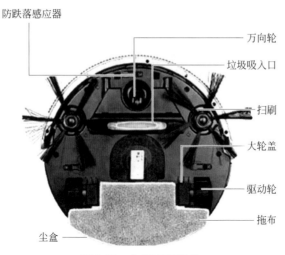

防跌落感应器

万向轮

垃圾吸入口

扫刷

大轮盖

驱动轮

拖布

尘盒

图 2-10　主机底面组成

充电座外部和
内部组成

三、充电座外部组成

充电座外部组成如图 2-11 所示。不同品牌的扫地机器人，其充电座的形状和组成不尽相同。

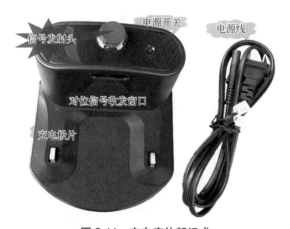

信号发射头

电源开关

电源线

对位信号收发窗口

充电极片

图 2-11　充电座外部组成

四、虚拟墙外部组成

虚拟墙是扫地机器人的配套件，其作用是产生红外光束，当扫地机器人检测到红外光束时会自动避开红外光束，从而起到虚拟墙的作用。其外部组成如图 2-12所示。

图 2-12　虚拟墙外部组成

主板电路组成

五、主机内部电路组成

　　扫地机器人的主机内部电路主要由以下几部分组成：MCU 及外围电路、电源、传感器（平衡、位置、角速度等）、电动机驱动及控制面板（如图 2-13 所示）。MCU 及外围电路是主板的核心，由一块 MCU 及外围电路组成，MCU 内存有扫地机器人的控制程序；电源部分包括供电电路、充电电路、电池保护电路、内部降压电路等，它为主板、外围传感器及电动机提供电源；传感器有很多种，不同的扫地机器人不尽相同，一般的扫地机器人均有位置传感器、平衡传感器和角速度传感器，有的还有激光传感器等；电动机驱动是扫地机器人的发动机，扫地机器人的行走、边扫、中扫、吸尘等均采用电动机驱动，在 MCU 的控制下驱动电动机旋转，从而完成各种动作。控制面板是用来接收各种指令和人机交互信息，使用户通过控制面板来管理扫地机器人的动作，同时，扫地机器人的执行信息、障碍信息和故障信息等也通过控制面板呈现给使用者。

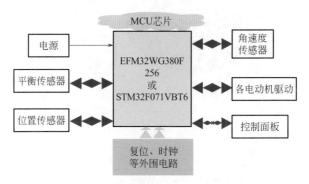

图 2-13　扫地机器人主机内部电路组成

　　扫地机器人一般采用 32 位 EFM32WG 或 STM32 系列的 MCU，MCU 不但要具有高运算的内核、高频率的运行速度，还要具有丰富的通信接口，能够接驳各种电源管理电路、驱动电路、传感器电路和人机交互电路。由于扫地机器人采用了单片 MCU 电路，主板电路集成度很高（如图 2-14 所示），故障率也相对较低。

图 2-14　扫地机器人主板电路

六、机械系统组成

扫地机器人的机械系统有清扫机构、吸尘机构、行走机构和擦地机构，如图 2-15 所示。

图 2-15　扫地机器人的机械系统

图 2-16　边刷清扫机构和中刷清扫机构

清扫机构又包含边刷清扫机构和中刷清扫机构（如图 2-16 所示）。中刷清扫机构又分固定中刷机构、浮动中刷机构（如图 2-17 所示）。固定中刷机构又分为单中刷机构和多中刷机构（如图 2-18 所示）。它们均是由电动机带动清扫刷。在边刷机构中，左边的清扫刷顺时针转动，右边的清扫刷逆时针转动，这样就可以在清扫灰尘时，将灰尘集中于吸口处，为吸尘机构做准备。

图 2-17　浮动中刷机构

图 2-18　多中刷机构

吸尘机构则采用真空吸气的方式，将灰尘通过吸口吸入尘盒，吸口分为固定单吸口（如图 2-19 所示）、固定多吸口（如图 2-20 所示）和浮动单吸口（如图 2-21 所示）。吸尘机构通过过滤装置净化室内的空气。

图 2-19　固定单吸口

图 2-20　固定多吸口

图 2-21　浮动单吸口

行走机构包含左右驱动轮（如图2-22所示）和行走减振机构（如图2-23所示）。左右减振机构的弹簧钩住驱动轮板的方向要一致，两边的驱动轮都是从同一个方向钩，如图2-24所示，否则会出现一边减振紧、一边减振松的现象，使扫地机器人一边高一边低。驱动轮上装有光电编码盘（如图2-25所示），可以对轮速进行检测和控制，从而实现定位和路径规划。

擦地机构就是利用水箱（如图2-26所示）和吸附在水箱上的抹布（如图2-27所示），利用水箱的慢渗水。慢渗水主要有自动渗水（如图2-28所示）和电控渗水（如图2-29所示）两种，将水箱里的水渗透在抹布上，抹布随机器在地上拖动，从而擦除残留在地面上的细小灰尘，达到拖地的目的。

图 2-22　左右驱动轮

图 2-23　减振机构

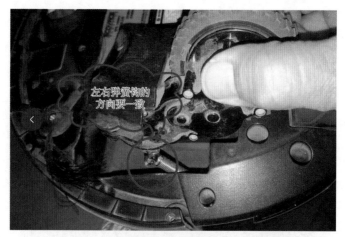

图 2-24　两边的驱动轮都是从同一个方向钩

图 2-25　驱动轮上装有光电编码盘

图 2-26　水箱

图 2-27　吸附在水箱上的抹布

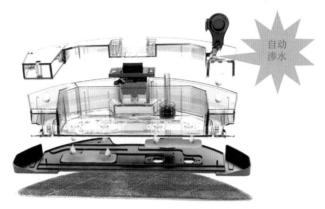

自动渗水

图 2-28　自动渗水

水流计数电动机控制水速和水量

图 2-29　电控渗水

七、电源电路

扫地机器人的电源电路包括蓄电池供、充电电路，机器人回充对位检测电路，停机充电、控制充电、过充保护电路，过充、过放检测电路等。电源及相关电路如图 2-30 所示。

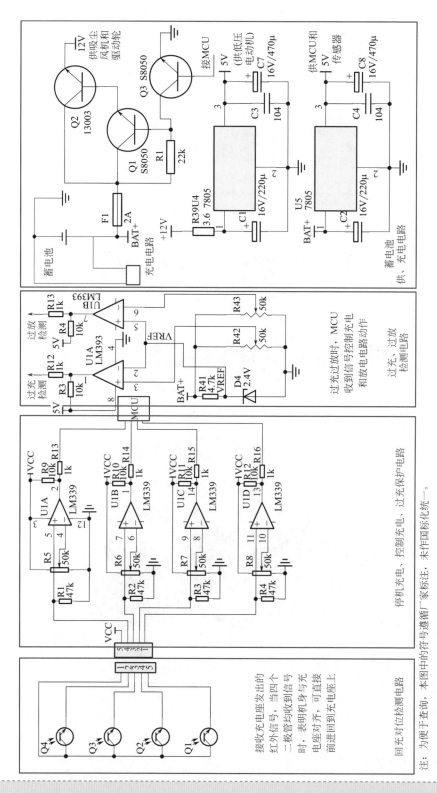

图 2-30 扫地机器人电源及相关电路

注：为便于查询，本图中的符号均遵循厂家标注，未作国标化统一。

八、MCU 电路

扫地机器人主板上一般采用一块 MCU 芯片控制，实质就是一块带存储器的单片机，具有内核（CPU）、运行存储器（RAM）、可编程存储器（ROM）和丰富的 I/O 接口电路，相当于一台微型计算机，通过外部指令和事先写入 ROM 的程序，由内核计算后发出相应的指令到 I/O 接口，控制外部接口电路工作。有的 MCU 还内置了时钟电路和复位电路，有的 MCU 则需要外置的时钟和复位电路。常用的 MCU 有 STC89、STM32（如图 2-31 所示）和 EFM32 系列单片机。图 2-32 所示为 STC89 系列单片机内部电路框图。图 2-33 所示为其三种不同的封装图。其编程连接电路接线如图 2-34 所示，不同的 MCU，其 RXT 和 TXD 的引脚位置不尽相同，采用专用的编程锁紧座连接进行编程则更为方便。

图 2-31　STM32 单片机

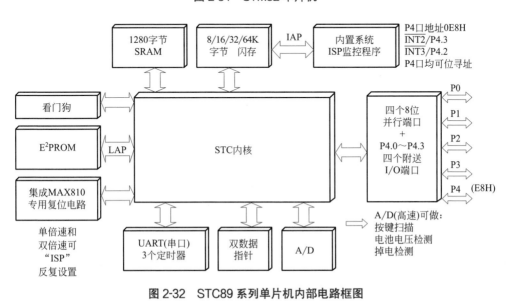

图 2-32　STC89 系列单片机内部电路框图

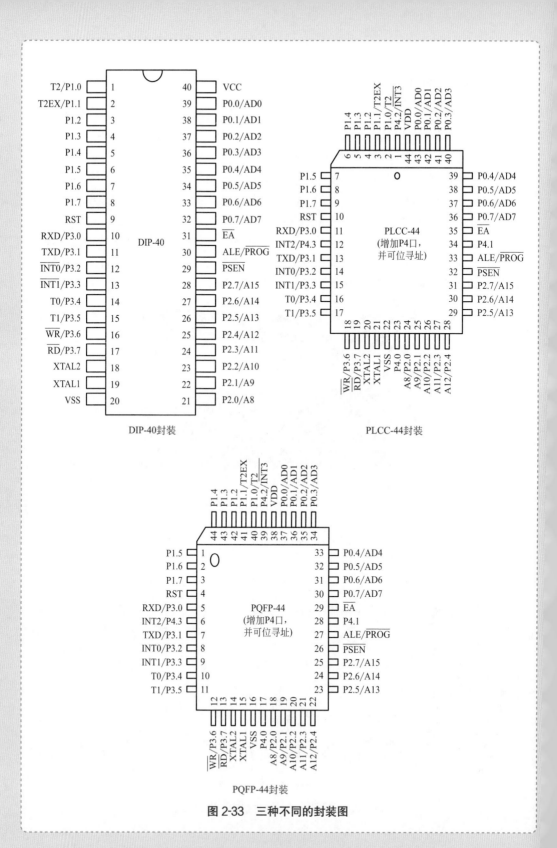

图 2-33　三种不同的封装图

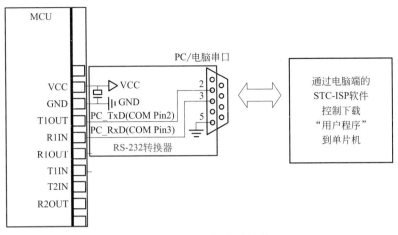

图 2-34　编程连接电路接线

九、防撞传感器电路

防撞传感器电路是扫地机器人的重要电路，用于检测前方是否有障碍物，通过红外线对管进行检测。当前方有障碍物时，红外线对管的光线被隔断，接收管阻值增大，R27 上的电压低于基准电压，电压比较器 U2 上的反向输入电压高于正向输入电压，比较器通过 R14 输出低电平到 MCU，MCU 立即发出扫地机器人转向或后退的指令；当前方没有障碍物时，红外线对管的光线没有隔断，接收管阻值变小，R27 上的电压高于基准电压，电压比较器 U2 上的反向输入电压低于正向输入电压，比较器通过 R14 输出高电平到 MCU，MCU 立即发出扫地机器人继续前进的指令。相关电路如图 2-35 所示。

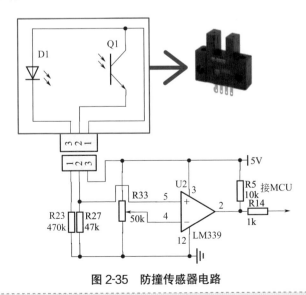

图 2-35　防撞传感器电路

十、防跌落传感器电路

防跌落传感器电路是用来检测扫地机器人机身前方是否处于悬空状态，当扫地机器人前方处于悬空状态时，距离传感器 U1 的 2 脚送出高电平信号，R38 上的电压较基准电压要高，U3 通过 R20 输出高电平给 MCU，MCU 立即发出指令，使驱动轮电动机停止前进，同时发出扫地机器人转向的指令，以避免扫地机器人跌落。相关电路如图 2-36 所示。

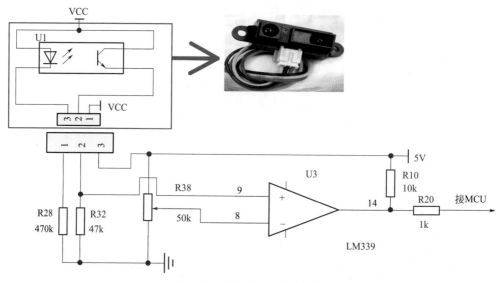

图 2-36 防跌落传感器电路

十一、电动机驱动电路

扫地机器人的电动机驱动电路有左边刷电动机驱动电路、右边刷电动机驱动电路、中刷电动机驱动电路、左驱动轮电动机驱动电路和右驱动轮电动机驱动电路。如图 2-37 所示，当 Q3 和 Q4 收到来自 MCU 的高电平信号时，SS8050 的 C、E 极导通，左右边刷的 5V 供电电路通过电动机绕组形成回路，左右边刷电动机运转；当 Q5 收到来自 MCU 的高电平信号时，SS8050 的 C、E 极导通，中刷电动机的 12V 供电通过电动机形成回路，中刷电动机转动。当 U7 和 U8 分别接到 MCU 发来的逻辑数据信号时，U7 和 U8 的 OA 和 OB 脚分别输出驱动电压给左右驱动轮电动机，左右驱动轮正转、反转或停转。L9110 为双通导推挽式功率放大集成电路，通过逻辑信号从 IA 和 IB 端输入就能控制其 OA、OB 输出端的电压输出与否，特别适合扫地机器人驱动轮的驱动。图中 C5 和 C6 为 104 高频滤波电容，以消除电动机工作时对芯片的干扰。

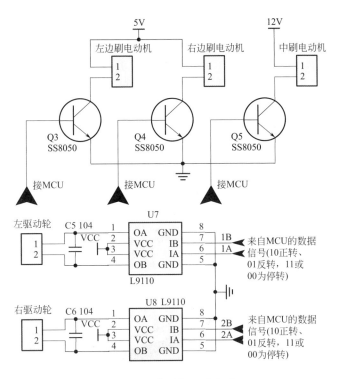

图 2-37　电动机驱动电路

十二、程序软件组成

只有硬件电路，扫地机器人还不能正常工作，还需要程序软件，这些程序软件事先写在 MCU 的存储器内。扫地机器人的程序软件主要有初始化程序、主程序和子程序，其中子程序又包括防撞子程序、防跌落子程序、充电寻迹子程序等。各程序相互配合，扫地机器人才能正常工作。

第三节　扫地机器人的工作原理

扫地机器人是由主板（微电脑）控制，结合外部执行机构来进行工作的，可实现自动导航（激光导航传感器和陀螺仪控制，通过陀螺仪来控制行走机构按直线行走）并对地面进行清扫和吸尘。通过碰撞头和测距仪实现对前方障碍物的躲避和绕道，通过底部的测距传感器可检测前方路段是否有悬崖，可以使扫地机器人不跌入悬崖；同时通过红外对管（沿墙传感器）检测房屋的墙面和上部高度，可以使房屋的每个角落和低矮的箱柜底下都得到清洁，还可通过安装在万向轮和驱动轮上的光电传感器，检测扫地机器人是否堵转或卡住，防止扫地机器人卡死，当扫地机器人被卡住时，传感器（轮速传感器）发出信号，主板会控制执行机构，使扫地机器人自动后退或停止运行，并发出求救报警。并在碰撞头上装有红外反射探测器，可自动判断前方是否有悬崖，并自动绕开。当尘盒内的灰尘过满时，尘盒传感器发出信号给主板，主板可发出相应的提示信息，提示用户尘盒已满，快清理尘盒。控制传感工作原理如图2-38所示。

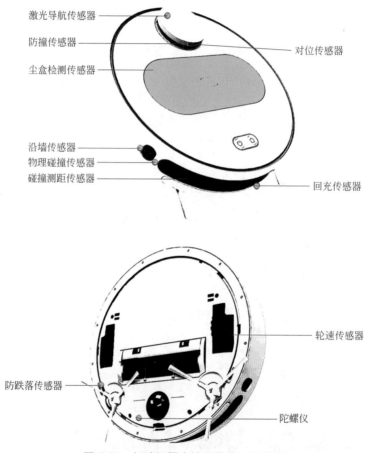

激光导航传感器
防撞传感器
尘盒检测传感器
对位传感器
沿墙传感器
物理碰撞传感器
碰撞测距传感器
回充传感器
轮速传感器
防跌落传感器
陀螺仪

图2-38　扫地机器人控制传感工作原理

　　扫地机器人的控制原理是利用软硬件结合进行控制（如图2-39所示），开机后，机器先进行系统初始化，初始化之后执行主程序，进入主程序时，先执行电压检测程序。如检测电池电压不足，则执行充电寻迹程序，此时对位传感器和回充传感器工作，使主机回到充电座上，上到充电座后主机执行充电程序。

　　当主机电池充满后再返回执行主程序，同时清扫、吸尘等子程序也同时启动；

当发现前方有障碍物时，则执行避障子程序，避障执行机构动作，避开障碍物后，再继续执行清扫和吸尘程序；或当前面的碰撞板直接碰到障碍物时，物理碰撞传感器动作，主板发出指令，驱动轮反转或左右转向；当发现前面地面为悬空地面时，则执行防跌落子程序，避开悬空区域后，再继续执行清扫和吸尘程序；当出现驱动轮卡阻堵转时，轮速传感器发出指令到主板，主板驱动左右驱动轮反转或停转，同时发出报警声。用户解除报警后，重新启动工作。

在上述工作过程中，陀螺仪一直处于工作状态，以检测机器的直线行走是否正确。工作一段时间后，检测到电池电压不足，达到临界电压时，寻迹对位和回充传感器工作，执行机构立即驱动左右驱动轮靠近充电座，到达充电座后，再执行充电程序，当主机充电充满时，则自动关闭充电功能，等待用户发出新的指令或执行预约的工作程序。

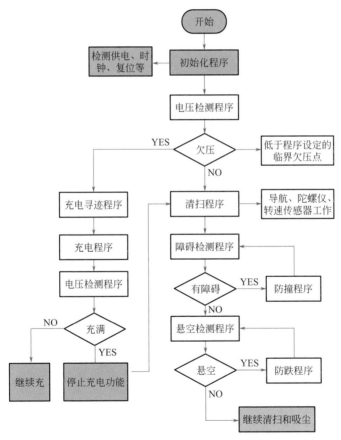

图 2-39　扫地机器人软硬件结合控制原理

扫地机器人的充电寻迹原理也是利用软硬件控制来完成的，如图 2-40 所示。当电池电压处于欠压状态时，扫地机器人关闭吸尘器与清扫电动机，同时启用充电寻迹程序。主机上的对位传感器发出寻迹信号，当对位传感器没有收到充电座的红外发射信号时，执行正常的防撞和防跌程序，主机继续前进；当主机接收到充电座的对位信号时，立即启动充电寻迹程序进入寻迹状态。主机与充电座对正到位后，即自动接触充电电极进行充电。

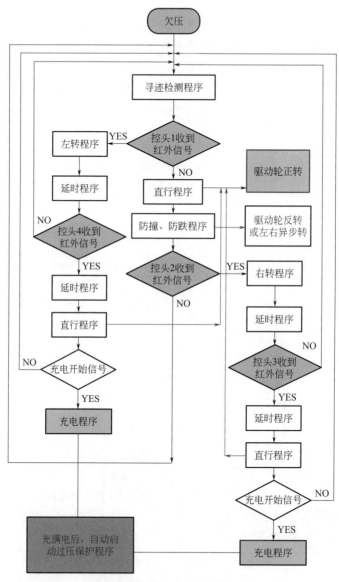

图 2-40　充电寻迹原理

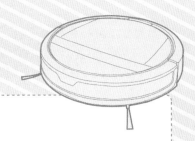

第三章

扫地机器人的维保工具

第一节　通用工具

　　扫地机器人的通用工具主要有：螺钉旋具（图 3-1 所示十字和一字磁性螺钉旋具，选用 3 ～ 5mm 的较为合适，也可选用蓄电池电动螺钉旋具，如图 3-2 所示，电动螺钉旋具更省力更快捷）、内六角扳手（如图 3-3 所示，选用 3 ～ 8mm 的磁性长批头内六角扳手较为合适）、镊子（需尖头、弯头和平头三种，选用 100mm 的小型镊子较为合适，如图 3-4 所示）、裁纸刀（如图 3-5 所示）、什锦锉（如图 3-6 所示）等。不管是哪种螺钉旋具，选用时应先用吻合度高的螺钉旋具（如图 3-7 所示），否则容易出现滑丝现象。

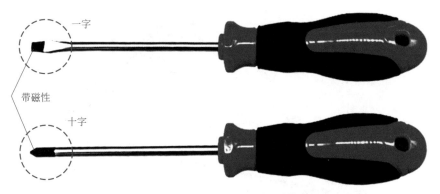

图 3-1　十字和一字磁性螺钉旋具

螺钉旋具的头部型号有一字、十字、米字、T 形（梅花型）和 H 形（六角）等，扫地机器人维保中大多采用一字和十字。十字螺钉旋具的刀头大小又分为 PH0、PH1、PH2、PH3、PH4（也有用 No. 或 # 表示的，含义是一样的，PH2 就是 No.2 或 2#）。PH（No. 或 #）后面的数字越大，其刀头越大越钝，PH0 一般适用于 M1.6 ～ M2 的螺钉，PH1 一般适用于 M2 ～ M3 的螺钉，PH2 一般适用于 M3.5 ～ M5 的螺钉，扫地机器人维保工作中大多选用 PH1 和 PH2 刀头的螺钉旋具。

磁性螺钉旋具头

扭力调节

蓄电池

图 3-2　电动螺钉旋具

磁性长批头

图 3-3　3 ～ 8mm 的磁性长批头内六角扳手

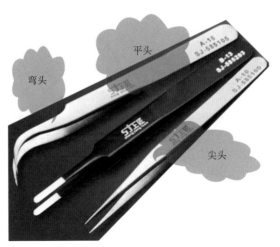

图 3-4　尖头、弯头和平头三种镊子

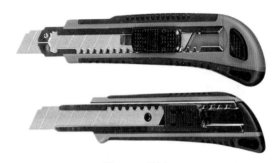

图 3-5　裁纸刀

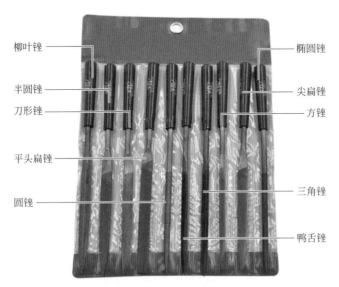

图 3-6　什锦锉

尺寸不符
咬合度低

尺寸符合
咬合度高

图 3-7　螺钉旋具的吻合度

第二节　专用工具

1. 卡环钳

卡环钳（又称卡簧钳、挡圈钳），分内卡环钳和外卡环钳两种（如图 3-8 所示），内卡环钳又称穴用卡环钳，外卡环钳又称轴用卡环钳（如图 3-9 所示）。按其钳头的形状和动作方向又分为四种，如图 3-10 所示。维修扫地机器人一般选用 5 ～ 8in（1in=0.0254m）的轴用外卡环钳。

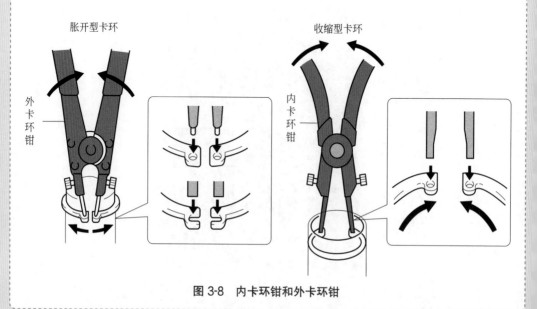

胀开型卡环

收缩型卡环

外卡环钳

内卡环钳

图 3-8　内卡环钳和外卡环钳

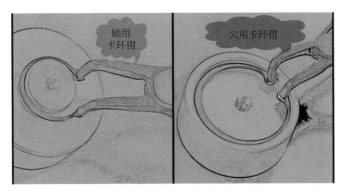

图 3-9　轴用卡环钳和穴用卡环钳

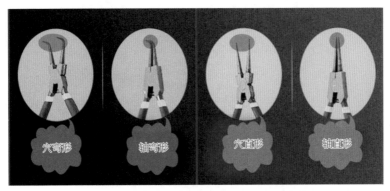

图 3-10　按钳头的形状和动作方向分为四种

2. 电烙铁

电烙铁最好选用尖头 60W 的调温防静电的电烙铁（如图 3-11 所示），该类电烙

图 3-11　电烙铁

铁可配合万向夹使用。最好是配可调温焊台（如图 3-12 所示），用来焊接元器件和连线。与焊台可配套的还有一种新式的镊子式烙铁（如图 3-13 所示），该电烙铁采用双管加热，对周边元器件无影响，加热后，可直接拆下电阻、电容等微小的贴片元器件。比普通电烙铁和拆焊台更方便快捷。

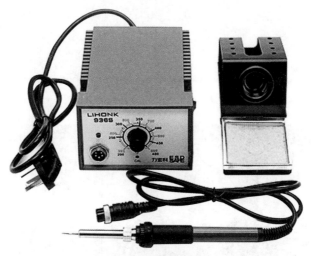

图 3-12　可调温焊台

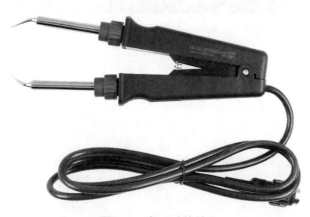

图 3-13　镊子式烙铁

3. 热风拆焊台

热风拆焊台（如图 3-14 所示）用来拆焊贴片集成电路。

4. 万用表

检修扫地机器人需配备一台万用表（数字式的或指针式的均可，如图 3-15 所示）。除普通表笔外，还要配备一支夹持式表笔，以方便检测主板上的贴片元器件。

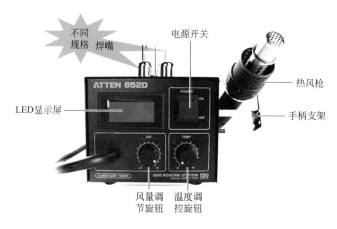

不同
规格 焊嘴

电源开关

热风枪

手柄支架

LED显示屏

风量调
节旋钮

温度调
控旋钮

图 3-14　热风拆焊台

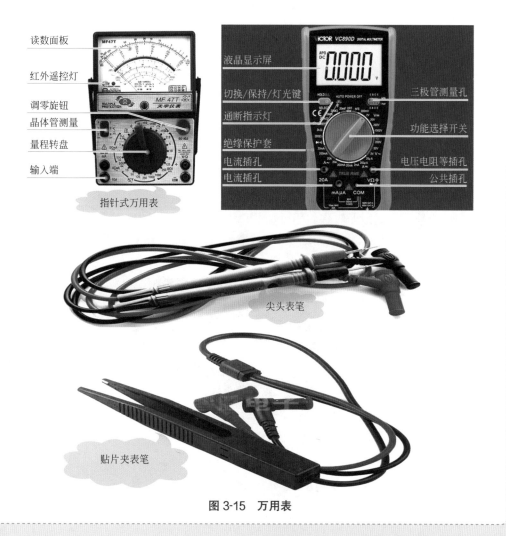

读数面板

红外遥控灯

调零旋钮

晶体管测量

量程转盘

输入端

指针式万用表

液晶显示屏

切换/保持/灯光键

通断指示灯

绝缘保护套

电流插孔

电流插孔

三极管测量孔

功能选择开关

电压电阻等插孔

公共插孔

尖头表笔

贴片夹表笔

图 3-15　万用表

5. 带灯放大万向夹

用来稳固夹持扫地机器人的主板进行检测和焊接，带灯万向夹（如图 3-16 所示）的带灯放大镜是用来仔细观察电路板上的细小元器件和铜箔走线，能看清楚细小元器件上的型号。

图 3-16 带灯放大万向夹

6. 芯片和插接器起拔器

扫地机器人的插接器较多，用手往往很难拔出来，可采用专用的芯片和插接器起拔器（如图 3-17 所示）进行操作，起拔器也可用来起拔拆焊主芯片。

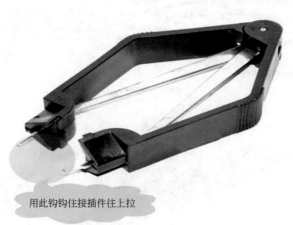

用此钩钩住接插件往上拉

图 3-17 芯片和插接器起拔器

7. 吹尘器

扫地机器人因长期在多尘环境下工作，机器内部的电路板和各种传感器表面会积聚很多灰尘，检修扫地机器人时，必须用吹尘器将灰尘吹尽。特别是各种 LED 传感器，表面积尘会影响其工作的灵敏度。吹尘器可选用带过滤器的吹尘器（如图 3-18 所示），以免产生二次污染。

带过滤装置

图 3-18　吹尘器

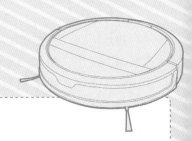

第四章

扫地机器人的维修方法与维修技能

第一节　维修原则和维修方法

一、维修原则

1.先外后内

先外后内是指先检查滚轮、边刷、驱动轮是否有毛发卡住或存在明显裂痕等，并了解扫地机器人工作环境是否达到要求，使用方法是否正确。在确认扫地机器人外部均正常的情况下，才能对扫地机器人内部进行拆卸检查。

2.先静后动

先静后动是指扫地机器人未通电时，检查机器人按钮的好坏、插接器是否松动等，从而判断故障部位。通电试验，听其声音、测参数、判断故障，最后再进行维修操作。

3.先机械后电气

先机械后电气是指先确定机械零件无故障后，再进行电气方面的检查。检查电路故障时，应用检测仪器寻找故障部位，确认无接触不良故障后，再检查线路与机械的运行关系，避免出现误判。

二、维修方法

检修扫地机器人时可通过看、听、闻、问、测、换等几种常用的诊断方法，从而判断故障的部位。

1. 看

主要是看扫地机器人的左右轮子是否被异物卡死，电池排线与面壳连接排线、感应器的排线是否松动或脱落，感应器是否脏污，滚刷和边刷是否磨损严重或有异物缠绕，驱动轮处是否有脏物或有物体缠绕，主机与充电座的充电极片是否充分对接或脏污等。

2. 听

就是听扫地机器人有没有异响。若电动机转子与定子碰触、电动机轴承损坏就会发出"嗒、嗒"或"喀、喀"等异响；若轮组吸入了异物，也会发出"嗒、嗒"异响，此时应及时关机，取出异物；若风道被严重堵塞，就会发出变调的噪声或沉闷的"呜……"声，此时应立即关机，排除堵塞，否则电动机因严重过载，迅速发热，时间一长就可能烧坏；若清扫时出现尖锐的声响，则查看尘埃盒是否装好、毛刷和尘埃盒是否太脏。

3. 闻

用鼻子闻有无烧焦气味，找到气味来源，故障可能出现在放出异味的地方。

4. 问

就是问一下用户，了解机器的使用时间、工作情况及故障发生前兆。

5. 测

若以上维修方法仍发现不了问题，就要通过万用表（或示波器）对可疑元器件进行检测，从而判断故障的部位。如检查充电座的好坏，可用万用表测一下充电座的输出电压是否正常；如检查防撞电路时可测防撞模块是否会向CPU发出相应的电平信号（当前方有障碍物时，相应的探头所连接的电路会发出一个低电平信号给CPU）；用万用表检测主板上CPU及外围元器件是否有问题（如图4-1所示）。用示波器可测电路板上晶振是否有输出，若无输出，则说明问题可能出在晶振。

有源蜂鸣器与无源蜂鸣器判别

判断三极管和场效应管

检测贴片晶闸管

万用表检测直流电机

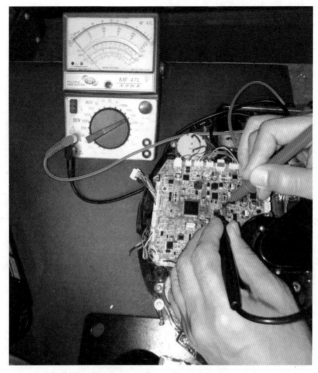

图 4-1　用万用表检测主板

6. 换（替换法）

就是采用已确定是好的元器件来替换被怀疑有问题的元器件，逐步缩小查找范围。

第二节　典型故障维修

一、扫地机器人按开关机键后，不能开机

引起扫地机器人不能开机的原因如下。

① 检查机器是否放置了较长时间，如电池已无电，此时用充电座或适配器进行充电即可。

② 检查电池与面壳插接器（如图 4-2 所示）是否松动或脱落，重新连插接器。

③ 检查是否由于频繁开关机而引起按键开关损坏，更换按键开关。

④ 检查风扇与主板是否有问题。可拔掉风扇排线，按启动键，若没有报警就需要更换风扇模块；若机器提示报警未检查出异常时，则需要更换主板。

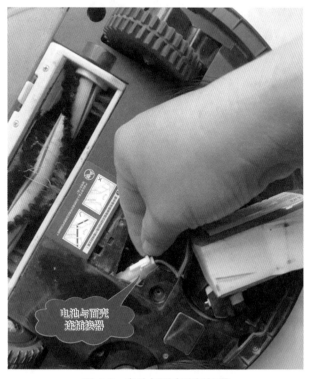

图 4-2　电池与面壳连插接器

二、扫地机器人工作过程中突然停机

引起扫地机器人不能开机的原因如下。

① 检查机器人电量是否充足，当电量耗尽后会自动关机，此时需要手动充电。大多智能扫地机器人都具备回充功能，当电量不足时会自动进行回充；但有部分扫地机器人没有回充功能，这时就需要人工进行手动充电。

② 将机器人翻转过来，检查吸口是否被垃圾堵住了，刷头转轴是否堆积了较多的尘埃。

③ 检查垃圾盒里垃圾是否装满了，清理垃圾。

④ 检测主板（如图 4-3 所示）是否有问题，修复或更换主板。

◆ 提示　扫地机器人间歇性停止工作一般是电动机或者电线处接触不良、炭刷磨损严重所致。

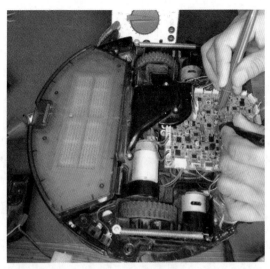

图 4-3　检测主板

三、扫地机器人遥控器失灵

引起扫地机器人遥控器失灵的原因如下。

① 检查遥控器电池电量是否不足。更换新电池并正确安装。

② 主机电源开关未打开或主机电量不足。确保主机电源开关已开启，并有充足电量完成操作。

③ 检查遥控器或主机接收头有无问题，可打开充电座，让机器转换到充电座模式跑动，看机器找充电座时能不能自动转圈，能转圈说明是遥控器的问题；若不能转圈，说明是机器接收头出现问题。遥控器红外线发射或者主机接收器脏污，可用干净棉布擦拭遥控器的红外线发射器及主机的红外线接收器；若主机接收头有问题，可更换按键板（如图 4-4 所示）。

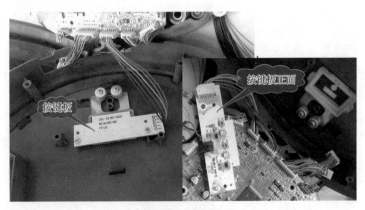

图 4-4　按键板

④ 主机附近有产生红外线的设备干扰信号。避免在其他红外线设备附近使用遥控器。

> **❖ 提示** 机器不能放置在已开启虚拟墙的前方（在距离虚拟墙前 3m 内不能遥控），关掉虚拟墙后再执行遥控。

四、扫地机器人充不进电

引起扫地机器人充不进电的原因如下。

① 检查主机电源开关是否打开，充电指示灯虽闪烁，但无法充电。打开主机底部电源开关。

② 检查适配器或充电座是否有问题。当怀疑适配器有问题时，可将机器人在自动充电座上充电；若自动充电座能充电，说明问题出在适配器上，更换同型号的适配器即可。

③ 检查主机与充电座的充电极是否充分接触。确保主机与充电座的充电极片充分对接。

④ 检查充电座电源是否被关闭，主机电源开关已打开，导致电量损耗。主机不执行工作时，建议使其保持充电状态，以便更好地进行下一次工作。

⑤ 检查机器是否放置太久，电池处于深度放电状态。激活电池，手动将主机放上充电座，充电三分钟后移出，重复该动作 3 次之后，正常充电。

⑥ 若以上情况都正常，则问题可能出在主板上。修复或更换相同型号的主板即可。

五、扫地机器人不能自动回充

引起扫地机器人不能自动回充的原因如下。

① 检查充电基座是否放置在开阔平坦的地面上（远离有台阶或者有落差的地方）且紧靠墙壁，充电座前方和两边 0.5 ～ 1m 范围内不要有杂物，以免干扰信号发送或接收。

② 检查充电基座旁边是否有电器产品（如冰箱、电视等），电器产品在运行时产生的磁场会对扫地机器人与基座之间的信号产生干扰。

③ 检查基座与扫地机器人之间的通路是否畅通，若基座放置在角落里，机器需绕行很多障碍物（如家具等）才能到达，也会影响扫地机器人与基座之间的信号连接，造成自动回充不成功。

④ 若充电基座放置的位置正确，则检查充电基座本身是否有问题。可将扫地机器人搬到基座上，手动对齐充电极片，若能充电，说明问题出在充电座的信号接收上。

⑤ 检查电极片是否有问题。若电极片有污渍，应对电极片进行清洁；若电极片的高度突出太高（一般来说每一台基座的电极片位置高低应该是固定的），机器人无法对接成功，此时需手动调整一下。

六、扫地机器人工作时噪声大

给滚刷加润滑油

引起扫地机器人工作时噪声大的原因如下。

① 检查边刷、滚刷是否有异物缠绕。可关闭电源开关后，将机器底部朝上，检查并确保滚刷吸口处无脏物堵塞，清理滚刷（包括滚刷两端轴承处的毛发缠绕）、清理边刷。当滚刷和吸尘器电机缺油时，也会出现噪声较大的情况，给滚刷和吸尘器电机加注润滑油即可。

② 检查尘埃盒是否安装好、毛刷和尘埃盒太脏会在清扫时出现尖锐的声响。

③ 检查吸尘风机（如图 4-5 所示）是否有异物卡住，清除异物或更换风机。

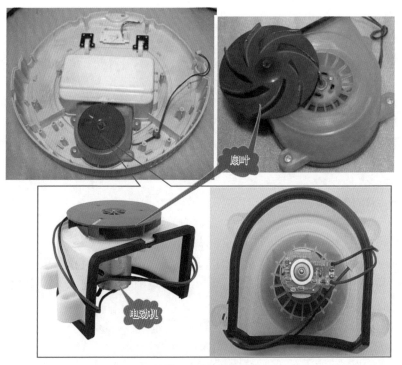

扇叶

电动机

图 4-5　吸尘风机

❖ 提示　一般能发出噪声的两个模块是滚刷模块和垃圾盒模块。所以可以仔细听一下声音从哪里发出（必须从源头上找到问题的根源），然后进行检查并排除。

七、扫地机器人清扫时毛刷和驱动轮能转动，但不能吸尘

引起扫地机器人不能吸尘的原因有：灰尘盒已满，风机有问题、毛刷有问题等。

检修时，首先开机用手靠近集尘盒出风口，看是否能感觉到风力，若感觉到强劲风力，说明集尘盒电动机正常，然后检查灰尘盒是否已满或尘盒内的过滤棉是否积聚了过多的灰尘，及时清除并更换；若感觉有弱风力或无风力，则检查风口是否有异物堵住、电池是否电量不足、吸尘电动机组件和主板是否有问题。检查扇叶是否变形，是否有刮风叶的异响，若有则修复或更换风机；若扇叶无变形及异响，则拔掉吸尘电动机组件排插件，按启动键，看是否有报警声，若没有报警则说明问题出在吸尘电动机组件；若有报警未检查出异常时，则说明问题出在主板。主板与吸尘电动机组件如图 4-6 所示。

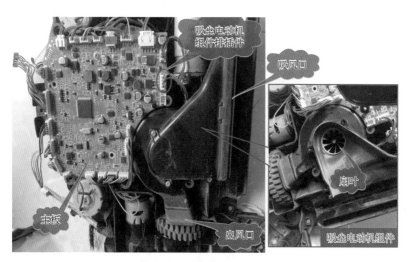

图 4-6　主板与吸尘电动机组件

❖ 提示　扫地机器人的清扫是通过内部风机高速旋转产生气流，配合机器底部吸尘口的滚刷或吸口，先把粘在地面上的灰尘扬起来，再将灰尘和垃圾收纳进尘盒里。风机的动力又来源于电动机（驱动电动机是无刷电动机），无刷电动机本身寿命长，但前提是不能进水或者受潮，否则电动机主控板就会短路损坏。

八、扫地机器人毛刷不转

引起扫地机器人毛刷不转的原因有：毛刷电动机损坏或毛刷模块损坏、驱动毛刷模块的电路损坏。

更换边刷电机

1. 开机后仅边刷（侧毛刷）不能转动

首先检查边刷是否有异物缠绕，若没有存在缠绕物，则检查边刷的螺钉是否有问题（边刷的螺钉未旋紧，螺钉旋得太紧，导致螺钉坏或使边刷上面薄的一侧裂开）；若以上检查均正常，则检查边刷电动机是否有问题，可手动边刷，若有明显异常声音，则说明边刷组件的电动机磨损严重，需要更换边刷组件（如图 4-7 所示）。

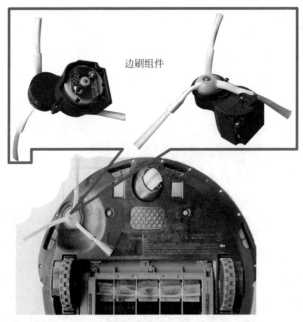

边刷组件

图 4-7　边刷组件

2. 开机后滚刷（主毛刷）不能转动

首先检查滚刷是否有异物缠绕，若清理整个滚刷组件（如图 4-8 所示）后，仍不工作，则检查滚刷模组是否存在断线、接触不良或接口氧化，同时主板故障（概率较低）也有可能。

3. 开机后滚刷（主毛刷）和边刷（侧毛刷）都不能转动

将主牙箱螺钉松动一点，启动机器，看毛刷是否转动，若仍不能转动，只能更换主牙箱；若更换主牙箱后仍不能解决问题，则检查驱动毛刷模块的电路是否有问题。

> ❖ **提示**　当扫地机器人，不管开机、关机，风扇与毛刷都一直转动，则是主板问题。边刷不转基本都是假故障，边刷电动机问题的概率也很小，如边刷电动机有问题会出现报警音。

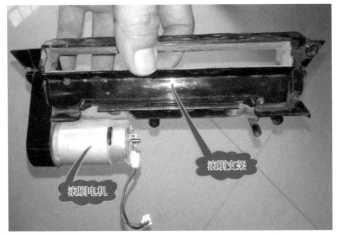

图 4-8 滚刷组件

九、扫地机器人左右轮不转

更换行走轮组件

引起扫地机器人左右轮不转的原因如下。

① 检查左右轮是否有异物缠绕卡死，清理缠绕物即可。

② 若仅一个轮子不转，可交换左右轮子插接件（如图 4-9 所示），启动机器，观察是否还是之前那个轮子不转；若是，则说明问题出在那个轮子，则需要更换轮子；若更换左右轮后，仍旧不转，则可判断故障在主板，需要更换主板。

图 4-9　交换插接件

第三节　换板维修

扫地机器人主板是扫地机器人的重要组成部件，当主板出现问题时，扫地机器人要进行维修，一般选择直接更换主板，既方便又省事，价格也便宜。

换板前，需确保其他元器件（刷子组件、传感器、驱动轮组件等）正常。且换板后，通电前，应检查机器是否启动，是否工作正常，严禁换板后不观察直接试用。

换板维修后，需检查插接器是否插错或插紧、部件安装位置是否正确等。

换板的原则是尽量采用原机原板，原机原板换板首先要搞清楚原机型号和主板板号（如图 4-10 所示），只有原机型号和主板板号都相同的主板才能直接代换。原机原板代换相对简单，只要从厂家购买到原机原板，拆除故障板上的全部插接件，换上新购的原机原板，并插上全部插接件即可。因扫地机器人的主板插接件较多，存在相同尺寸的插接件（如图 4-11 所示），且扫地机器人很多结构是左右对称的，所以其插接件也存在左右对称的情况，千万不能插错插接件。因为是更换原机原板，所以主板与充电座的对码也是自动完成的，不用手动对码。

图 4-10　原机型号和主板板号

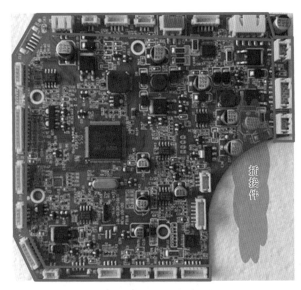

图 4-11 扫地机器人主板的插接件

若买不到原机原板，则可采用品牌通用主板（图 4-12 所示为扫地机器人定制的通用主板）进行代换。不过用通用板代换时，不但要求形状要适合，而且要求功能接口也要一致，所以一般情况下，只能采用品牌通用主板，不同的品牌，其主板的通用性较差。目前市面上对所有扫地机器人都适用的万能板还没开发出来。

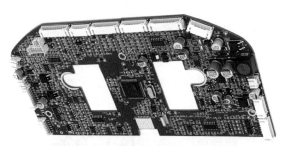

主板正面

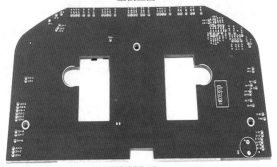

主板背面

图 4-12 扫地机器人定制的通用主板

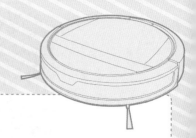

第五章

扫地机器人的故障维修案例

第一节　360 扫地机器人故障维修

例 1　故障现象：

360 智能扫地机器人当电量较低时不能自己返回充电桩充电

检测维修：出现此故障，首先检查扫地机器人是否受困于其他障碍物，如基座旁边堆放有物品或基座正面被物品遮挡等；然后检查充电基座旁边是否有干扰源，如基座旁边有电视、冰箱等电器运行时，产生的磁场会干扰扫地机器人与基座之间的信号连接；再检查是否在扫地机器人移动的过程中移动过充电桩，导致扫地机器人无法自己充电；最后检查基座是否摆放在角落里，影响扫地机器人与基座之间的信号连接。充电桩充电示意图如图 5-1 所示。

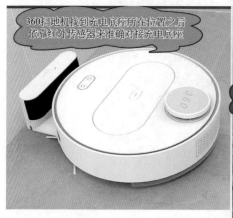

360扫地机找到充电底座所在位置之后依靠红外传感器来准确对接充电底座

基座正面或旁边被物品遮挡

基座

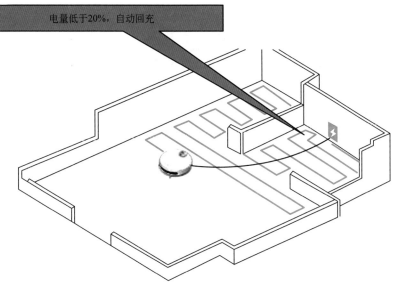

电量低于20%，自动回充

图 5-1　充电桩充电

> ❖ 提示　正常情况下，360 智能扫地机器人会在电量低于 20% 的时候回到充电桩充电。充电基座周围三边至少 0.5m 处不要堆放杂物，空间越大越好，以免影响扫地机器人与基座之间的信号连接。

例2　故障现象：

360 智能扫地机器人清扫过程中突然出现较大噪声

检测维修：首先检查扫地机器人是否进入了顺时针定点打扫的状态，若是则属于正常现象，过一段时间后会自动恢复；若机器处于主动打扫状态，则检查尘埃盒是否装好、毛刷和尘埃盒是否太脏。若将机器调到主动充电的形式下跑机，检查此时是否有异响，仍有异响说明是毛刷主牙箱的异响，则检查毛刷轮子是否被异物卡住，必要时更换主牙箱；若无异响，则可能异响来自电扇，此时检查电扇是否被异物卡住，必要时更换电扇。尘盒与毛刷如图 5-2 所示。

> ❖ 提示　建议每周至少清理一次尘盒，但需要清洁的面积较大，且环境较脏时，应每天进行尘盒清理。另外还应定期清理主刷上面缠绕的毛发和杂物，养宠物或者女性成员较多的家庭更加要多留意主刷，一旦主刷上缠绕的头发过多，清扫力也会变差。

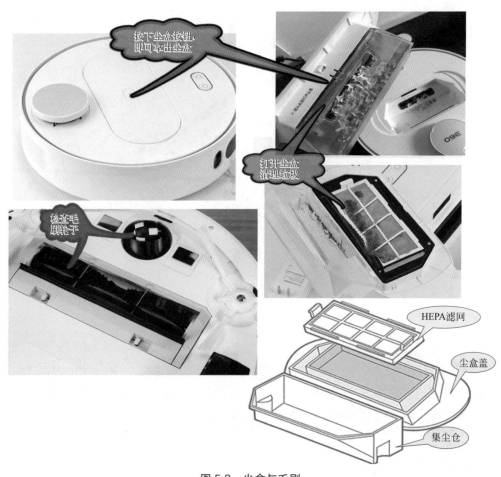

图 5-2　尘盒与毛刷

　　360 智能扫地机器人进行清扫时，机器跑几秒就暂停，电扇、毛刷和轮子都不转

　　检测维修：首先检查机器人是否在粗糙的毛毯上运行，使机器行进的阻力太大；然后拔掉左右轮子，开启机器人，若故障依旧，则是主板出了问题，需替换主板（如图 5-3 所示）；若拔掉轮子机器人能转动，则说明是轮子的问题，需替换轮子；如拔掉风扇排线，再按启动键，机器人若无报警声，说明机器未检查出异常，需要更换主板。

　　◆**提示**　主板维修中，出现元件大面积严重腐蚀、老化的现象，一般需要更换新主板。

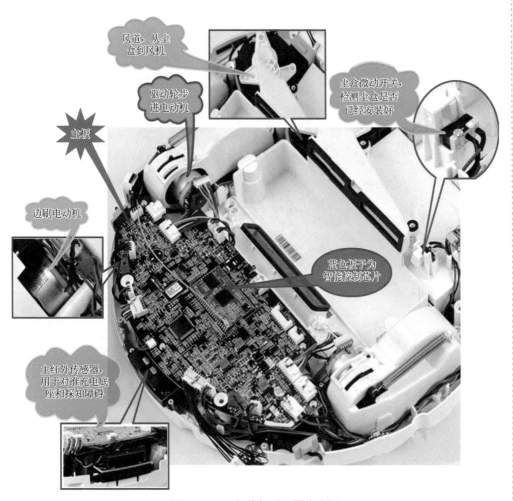

图 5-3 360 智能扫地机器人主板

第二节 Zeco 扫地机器人故障维修

例1 故障现象:

智歌 Zeco V770 扫地机器人不能充电

检测维修:对于此类故障,首先检查电源适配器与充电基座是否正常连接、充电基座电源指示灯是否点亮,然后检查电池电量是否过低(如果过低,选用电源配适器直接对主机进行充电),再检查主板是否有问题。充电器与电池如图 5-4 所示。

图 5-4　充电器与电池

◆提示　首先要弄清楚是电池的原因，还是充电器的问题，这两项其中有一个出现问题都会引起充不进电，排除这两项后再检查其他问题。

例 2　故障现象：

智歌 Zeco V770 扫地机器人不能工作或清洁工作微弱

检测维修：对于此类故障，首先检查机器人的开关是否开启，必要时开启开关；然后检查灰尘盒、滚刷、驱动轮是否有问题。如灰尘盒、过滤器积聚了过多的灰尘，滚刷（中扫胶刷、中扫毛刷）吸口处有脏物堵塞，或者驱动轮处有缠绕，必要时及时清除及更换、清理脏物；再检查电池电压是否严重下降，必要时充电或更换电池；最后检查电脑板是否有问题，必要时修理或更换电脑板。智歌 Zeco V770

扫地机器人外部结构及电脑板如图5-5所示。

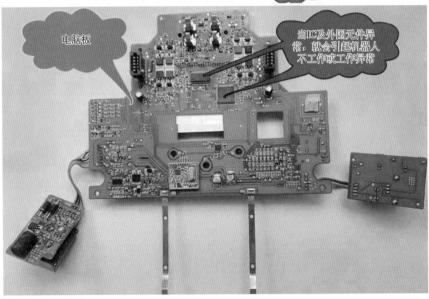

图5-5 智歌Zeco V770扫地机器人外部结构及电脑板

◆提示 日常维护避免尘盒满这是最重要的，如小尘埃长期堆积在扫地机器人里可能会引起机器人内部电路短路，故日常维护是延长扫地机器人寿命的方法之一。

例3 故障现象:

智歌 Zeco V770 家用扫地机器人遥控器不能工作

检测维修: 对于此类故障,首先检查遥控器的电池是否有问题,然后检查扫地机器人的电池是否有问题,再检查遥控器与扫地机器人是否进行对码确认(如图 5-6 所示),最后检查扫地机器人是否在信号发射的有效范围内。

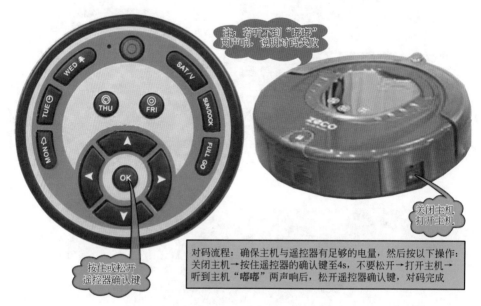

注: 若听不到"嘟嘟"两声响,说明对码失败

关闭主机打开主机

按住或松开遥控器确认键

对码流程: 确保主机与遥控器有足够的电量,然后按以下操作:关闭主机→按住遥控器的确认键至4s,不要松开→打开主机→听到主机"嘟嘟"两声响后,松开遥控器确认键,对码完成

图 5-6 对码流程

◆ 提示 遥控器使用前需要对码,否则不能使用。

第三节 福玛特扫地机器人故障维修

例1 故障现象:

福玛特 R-770 扫地机器人一直在原地打转

检测维修: 出现此类故障,首先检查感应器是否有问题,如感应器被灰尘遮住,用棉签蘸水将感应器擦拭干净;然后检查是否为机械故障,如边刷、驱动轮上被异物缠绕,将缠绕物清理干净;最后检查内部电路板上电脑芯片是否有问题。图 5-7 所示为扫地机器人外部结构。

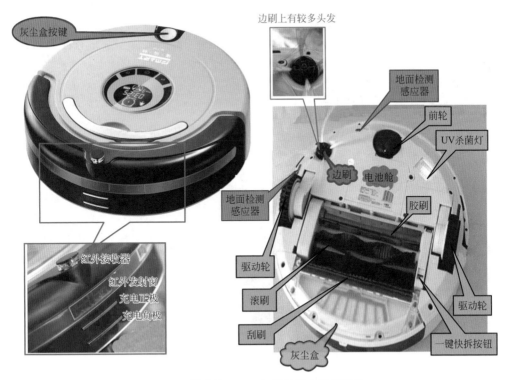

图 5-7　福玛特 R-770 扫地机器人外部结构

◆ 提示　该扫地机器人的清扫行走方式有很多种，比如沿边直线式、左右旋式（当灰尘探测眼探测到右侧有灰尘时自动转换到此模式向右清扫）、螺旋外扩式、曲线环绕式、重点循环式打扫等，但针对不同的垃圾种类用哪种方式就需要微电脑来决定。一般来说，微电脑会根据感应到的垃圾种类、垃圾数量等来决定需要的清洁方式。

例2　故障现象：

福玛特 R-770 扫地机器人不能自动回充

检测维修：出现此故障时，首先检查扫地机器人是否在低电量状态下返航失败，即找不到充电底座；然后检查充电基座放置处是否有障碍物，充电基座放置的范围有没有磁场影响到机器人的回充，例如电脑、电视机、路由器等电器的电磁场；最后检查充电电极片是否有问题，如充电座与机身充电电极片有灰尘污迹，用干布擦拭即可。自动回充如图 5-8 所示。

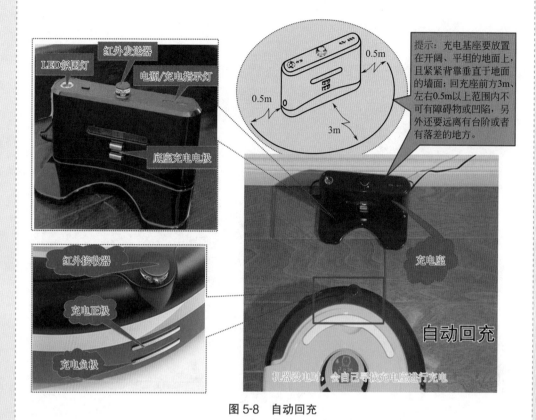

LED氛围灯
红外发送器
电源/充电指示灯
底座充电电极
红外接收器
充电正极
充电负极

提示：充电基座要放置在开阔、平坦的地面上，且紧紧背靠垂直于地面的墙面；回充座前方3m、左右0.5m以上范围内不可有障碍物或凹陷，另外还要远离有台阶或者有落差的地方。

0.5m
0.5m
3m

充电座

自动回充

机器没电时，会自己寻找充电座进行充电

图 5-8　自动回充

◆ 提示　安装回充座时，请整理好回充座电源线，勿将电源线拖于地面，并且充电座不能安装在毛毯等柔软的地面，否则会影响机器自动回充。

第四节　石头、米家扫地机器人故障维修

例1　故障现象：

石头扫地机器人边刷不转

检测维修：引起此故障的原因有：电量不足，自动转到"返回充电座"的模式，让机器充满电，并将模式调到自动模式；边刷未安装好，如边刷得螺钉未拧紧、螺钉拧得太紧使螺钉损坏或使边刷上固定螺钉处塑料件破裂；边刷缠绕过多异物，如毛发、电线等；边刷电动机有问题，可通过边刷的转轴转动来判断（将边刷

卸下，按下自动模式，用手指按下轮子外侧，看下滚刷及边刷的转轴是否可以正常转动；若可转动，说明边刷电动机正常；若滚刷能转动，但边刷转轴不能正常工作，说明问题出在边刷电动机）。边刷如图5-9所示。

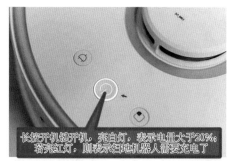

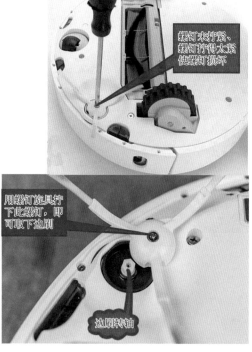

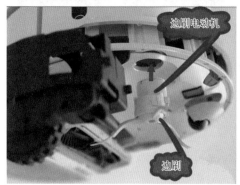

图 5-9　边刷

◆ 提示　边刷不转基本都是假故障，边刷电动机引起的问题概率很小。

例 2　故障现象：

石头扫地机器人按开关机键后不能开机

检测维修：首先检查电池是否有电，必要时用充电座或适配器进行充电；然后检查电池排线和面壳连接排线是否松动或脱落，必要时重新连接；再检查按键开关是否损坏，必要时更换按键开关；最后检查主板是否有问题。主板与电池如图5-10所示。

◆ 提示　AXP223是一款高度集成的电源系统管理芯片，针对单芯锂电池（锂离子或锂聚合物）需要多路电源转换输出。

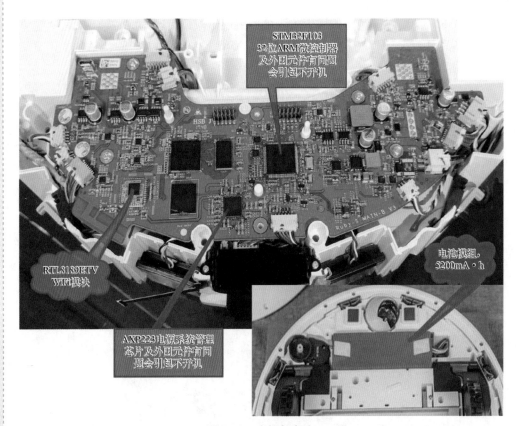

图 5-10　主板与电池

例3　故障现象：

小米扫地机器人清扫时报错误4（主机悬崖传感器出现异常）

检测维修：首先检查悬崖传感器是否太脏或者被异物遮挡，必要时排除异物并擦拭悬崖传感器；若擦拭悬崖传感器后故障依旧，则检查主板上的悬崖传感器接收与发送部分。该机有四路悬崖传感器（如图 5-11 所示），每路传感器有一对红外对管（一发、一收），每路传感器有四根接线，红、黑为对管电源，蓝、白为对管信号，对管信号送到主板电路进行处理。

◆ 提示　悬崖传感器的主要作用就是防止机器在悬崖、悬空处意外跌落。该机器人底部四周一共有 4 个悬崖传感器，每个传感器由一个红外发射管和红外接收管组成。红外发射管每隔一段时间向地面发射红外射线，如果较长时间才返回或者没有返回，则表明底盘与地面距离较远，这样可有效杜绝机器人跌落损坏。

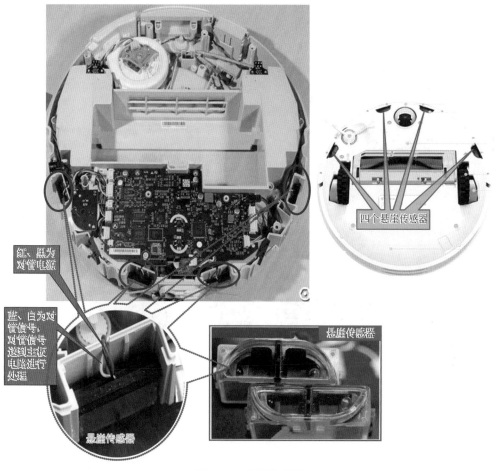

图 5-11　悬崖传感器

例 4　故障现象：

小米扫地机器人清扫时出现提示：内部错误，请重置

　　检测维修：内部错误，表示主机检测到错误无法继续运行。首先重置系统，清扫时仍提示内部错误；然后将扫地机器人平放在地上，双手压住机身前后，在地上前后推动，观察两侧主轮转动是否正常，必要时检查侧轮电动机是否损坏；再用手反复正反转动主刷，观察主刷转动是否正常，必要时检查电动机是否损坏；最后检查超声雷达传感器和主板驱动电路是否有问题。超声雷达传感器、主板等相关实物如图 5-12 所示。

图 5-12　超声雷达传感器、主板等相关实物图

❖ 提示　扫地机器人系统都预置了各种相对确切的提示列表，但是不在列表的错误或者多个错误存在的时候，就会以内部错误来提示。超声雷达传感器可以让扫地机器人计算出与障碍物的距离，从而做到避免碰撞；另外，超声雷达传感器还可以感应到透明物体，在透明物体前也能够进行正确感应并提前减速避让。

第五节　TCL、iRobot 扫地机器人故障维修

例 1　故障现象：

TCL R1 扫地机器人返回充电失败

检测维修： 首先检查充电座是否放置在前方 3m、左右 0.5m 范围内无障碍物

的地方，扫地机器人工作和返回的线路上是否放置杂物和摆有产生干扰信号的电器等；然后检查扫地机器人的感应器是否工作，启动扫地机器人，观察其面对障碍物是否能自动避开，不能则说明扫地机器人的感应器出现故障；再检查充电基座是否有问题，如充电基座电极片上有灰尘或者其他异物、充电基座的极片位置不准确等。回充相关实物如图 5-13 所示。

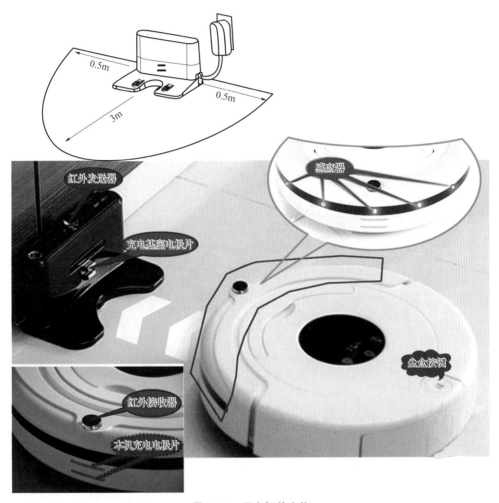

图 5-13　回充相关实物

◆ 提示　充电基座要注意清洁，基座电极片上脏污会导致充电接触不良无法正常充电；充电基座的极片位置不准确，应该对其进行合理调试，只要位置合适就能充上电。

艾罗伯特（iRobot 870）扫地机器人清扫不干净

检测维修：首先检查灰尘盒是否有问题（如灰尘入口、灰尘盒盖太脏或堵塞），清除灰尘与脏物；然后检查滚刷盒是否有问题，必要时需整体更换模组；再检查毛刷（边刷）是否安装不当使齿轮损坏，必要时更换齿轮组和毛刷。图 5-14 所示为 iRobot 870 扫地机器人相关部件。

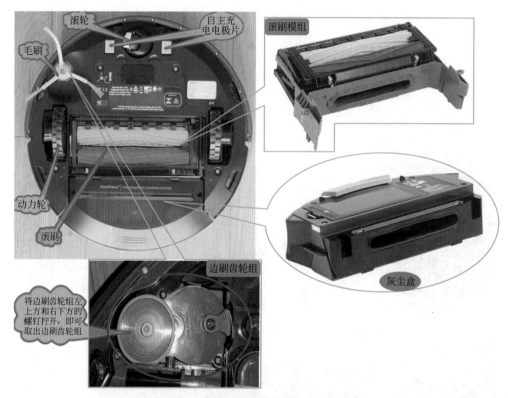

图 5-14　iRobot 870 扫地机器人相关部件

❖ 提示　扫地机器人是由很多电子部件构成的，尤其是该机底部有充电口，即便具有防水功能，但到水渍较多或水较深的地方打扫，仍会影响扫地机器人的使用寿命，故对于厨房、卫生间这样有大量积水的地方，机器人必须尽量远离。

例3 故障现象：

艾罗伯特（iRobot 880）扫地机器人清扫时原地转圈

检测修理：首先检查感应器是否被遮盖，用干净的布或是湿润的棉签将感应器擦拭干净后，故障依旧，则检查感应器是否损坏；若感应器正常，则检查驱动轮的齿轮是否被卡住，清除卡住点后，故障依旧，则检查电动机是否有问题；若以上检查均正常，则打开机壳，检查主板是否进水，导致主板某一部分电路短路或者漏电引发元器件高温炸裂损坏，从而引起轮子不动而机器转圈故障。iRobot 880 扫地机器人主板与驱动轮等相关实物如图 5-15 所示。

图 5-15　iRobot 880 扫地机器人主板与驱动轮等相关实物

◆**提示**　一般进水都是吸进去的，主板朝地板那面最容易腐蚀，用肉眼能观察到，如 CPU 针脚烂掉、铜箔电路烂掉等情况，说明主板腐蚀时间长、腐蚀程度严重，此时即使修复好主板，但后期也会出现不稳定的情况（因为主板采用三层电路设计，中间异常电路看不出来），因此建议更换整块主板。

第六节　ILIFE 智意扫地机器人故障维修

例1　故障现象：

ILIFE 智意 X620 扫地机器人有时能遥控有时不能遥控

检测维修： 首先检查遥控器电池电量是否不足，如电量不足更换新电池并正确安装；然后检查主机电源开关是否打开或主机电量是否不足，确保主机电源开关已开启，并有充足电量完成操作；再检查遥控器红外线发射器及主机接收器是否脏污而引起不能发射和接收信号，用干净棉布擦拭遥控器的红外线发射器及主机的红外线接收器；最后打开充电座，让机器人转换到找充电座模式跑动，若机器人找充电座时能转圈说明问题出在遥控器，若不能转圈则说明问题出在主机接收头，更换按键板。ILIFE 智意扫地机器人及遥控器、电池等外形如图 5-16 所示。

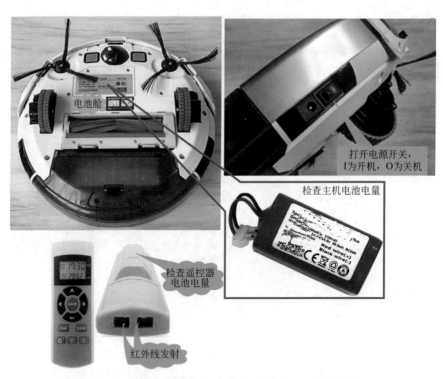

电池舱

打开电源开关，
I 为开机，O 为关机

检查主机电池电量

检查遥控器
电池电量

红外线发射

图 5-16　ILIFE 智意扫地机器人及遥控器、电池等外形

◆ **提示**　该机遥控器有效控制范围是 5m。

例2 故障现象：

ILIFE 智意 V5S 扫地机器人工作过程中突然停机

检测维修：首先检查机器人是否被电线、下垂的窗帘布或地毯等物缠绕或阻碍，关闭智能机器人后再按启动键重新启动；然后检查电量是否充足，如果是电量不足，可能会导致扫地机器人停止工作；再检查扫地机器人吸口是否被较大的垃圾堵住或是尘盒已装满，清除垃圾即可。清理尘盒与充电如图 5-17 所示。

机器人一般在清扫完毕或者电量即将耗尽时都会自主回充，无需人工动手

集尘盒位于机身顶部，用手按下PUSH键，就能自动弹出面盖，即可拿出集尘盒

面盖开关 (PUSH键)

吸口

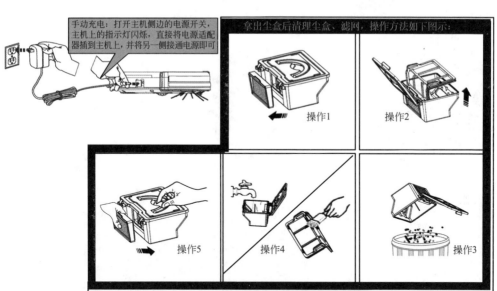

手动充电：打开主机侧边的电源开关，主机上的指示灯闪烁，直接将电源适配器插到主机上，并将另一侧接通电源即可

拿出尘盒后清理尘盒、滤网，操作方法如下图示：

操作1

操作2

操作5

操作4

操作3

图 5-17　清理尘盒与充电

❖ **提示**　日常的简单维护也是延长扫地机器人使用寿命的方法之一，不仅是给它充电就行，日常维护避免尘盒装满也是很重要的，因小尘埃堆积在扫地机器人里引起电路短路故障也是存在的。

第七节 飞利浦扫地机器人故障维修

例1 故障现象：

飞利浦 FC8774 扫地机器人扫地过程中原地打转

检测维修： 首先检查传感器是否有灰尘或脏物使其产生错误，用干净的布或湿润的棉签擦拭，清理干净感应器；然后检查驱动轮是否被异物缠绕，清理驱动轮异物；再检查程序设定是否有问题，重新进行设定；最后检查主板是否有问题。传感器与主板相关实物如图 5-18 所示。

图 5-18 传感器与主板相关实物

◆ 提示 扫地机器人若设置了重点清扫，或者误按了遥控器的按键，它就会在原地打转，重点清扫那一块区域。

例 2 故障现象：

飞利浦 FC8810 扫地机器人驱动轮不转动，其他部位工作正常

检测维修：首先检查左右轮子是否被异物卡死，取出异物即可；然后检查插座是否有问题，如松动、接触不良等，重新插紧插座。若只有一个轮子不转，则交换左右轮子插座启动机器人，若之前那个不转动的轮子仍不转动，说明轮子损坏，需要更换轮子；若之前那个不转动的轮子能转动，则说明问题出在主板上，需要更换主板。飞利浦 FC8810 扫地机器人驱动轮与主板如图 5-19 所示。

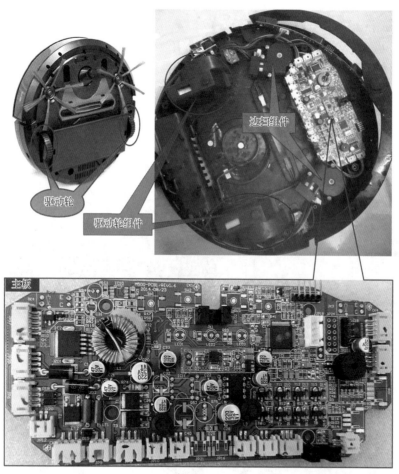

图 5-19 飞利浦 FC8810 扫地机器人驱动轮与主板

❖ 提示 机器启动往一边斜走，走走停停或者撞到墙后就暂停，说明主板坏了，需要更换主板。

第八节　海尔扫地机器人故障维修

例 1　故障现象：

海尔 SWR-T320 探路者扫地机器人不能充电

检测维修： 首先检查充电器和机器人充电位置的金属片是否有问题，如充电座与机身充电电极片脏污，擦拭干净即可；然后检查适配器、充电座和主板是否损坏。判断适配器与充电座是否有问题的方法：用电源配适器直接对主机进行充电，若不能充电时，但能在自动充电座充电，说明适配器损坏了，需更换一个相同型号的适配器；若适配器与充电座均不能充电，机器轮子也不动，说明驱动轮的驱动模块被击穿造成电池短路，所以充不进电；若不能开机，说明电池已经损坏，或者电池已经短路，需要重新更换相同型号的主板，电池可以通过充电激活；若以上检查均正常，则可能是主板问题，先检查一下主板或直接更换主板。海尔 SWR-T320 探路者扫地机器人不能充电相关实物如图 5-20 所示。

图 5-20　扫地机器人不能充电相关实物

当扫地机器人的绿灯闪烁，但充不进电，说明主板不良，需要进行维修；若绿灯不闪，但充电一段时间后工作，说明是绿色指示灯损坏，更换绿色指示灯或者换按键板即可。

例2 故障现象：

海尔玛奇朵 M2 扫地机器人主机未按预约时间自动清扫

检测维修：首先检查主机电源开关是否打开，打开主机电源开关；然后检查主机电量是否不足，对主机进行充电；再检查主机部件是否被垃圾堵塞、缠绕，关闭电源，清理尘盒，然后将主机底部朝上，并清理各部件（如图 5-21 所示）。

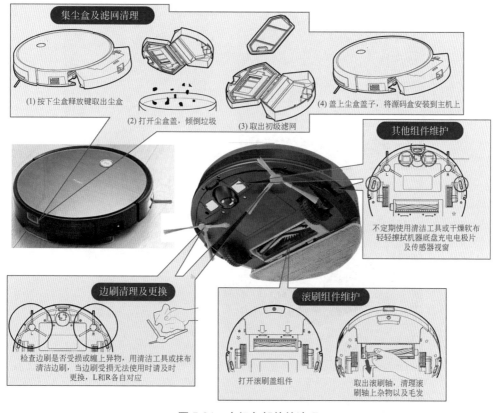

集尘盒及滤网清理

(1) 按下尘盒释放键取出尘盒

(2) 打开尘盒盖，倾倒垃圾

(3) 取出初级滤网

(4) 盖上尘盒盖子，将源码盒安装到主机上

其他组件维护

不定期使用清洁工具或干燥软布轻轻擦拭机器底盘充电电极片及传感器视窗

边刷清理及更换

检查边刷是否受损或缠入异物，用清洁工具或抹布清洁边刷，当边刷受损无法使用时请及时更换，L和R各自对应

滚刷组件维护

打开滚刷盖组件

取出滚刷轴，清理滚刷轴上杂物以及毛发

图 5-21　主机各部件的清理

◆ 提示　如果在自动清扫模式下机器有尖锐的声音，应检查灰尘盒是否装好，毛刷和灰尘盒是否太脏。

第九节　科沃斯扫地机器人故障维修

例1　故障现象：

科沃斯 CEN553 扫地机器人扫扫停停报警

检测维修：首先检查边刷、滚刷及驱动轮是否被异物卡住，清除边刷、滚刷及驱动轮上的缠绕物；若清除滚刷上的缠绕物后，滚刷轴承仍不能正常转动，则需要更换滚刷组件；若拔掉左右轮子启动机器依旧出现这种现象，则说明是主板出了问题，需要更换主板。清理各部件与主板实物如图 5-22 所示。

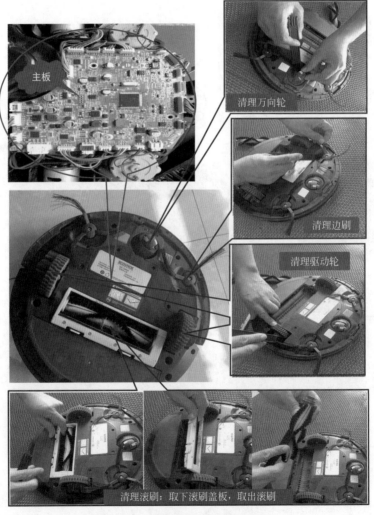

图 5-22　清理各部件与主板实物

边刷不转基本都是假故障，边刷电动机出问题的概率也很小，如边刷电动机有问题会出现报警音。

例2 故障现象：

科沃斯 CEN530 扫地机器人充电时指示灯一直闪烁，充不上电

检测维修：首先检查主机底部的电源开关是否打开，打开主机底部电源开关；然后检查主机与充电座的充电电极片是否充分接触，确保主机与充电座的充电电极片充分对接；再检查充电对接电极片是否脏污或者氧化，必要时用干布（或牙刷蘸牙膏清洁）将充电对接电极片擦拭干净；若扫地机器人的蓝灯正常闪烁，但依旧充不进电，检查电池、主板是否有问题。充不上电相关部位如图 5-23 所示。

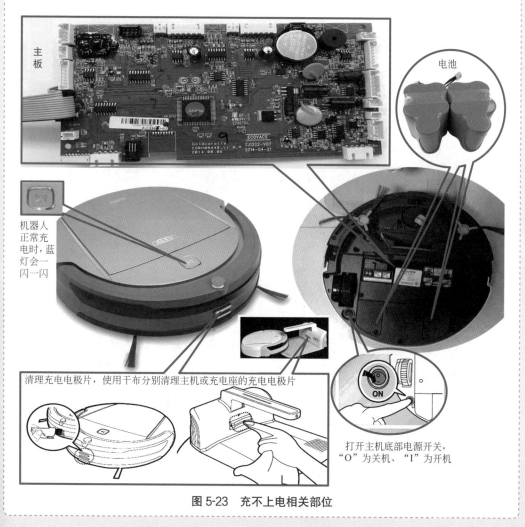

主板

电池

机器人正常充电时，蓝灯会一闪一闪

清理充电电极片，使用干布分别清理主机或充电座的充电电极片

打开主机底部电源开关，"O"为关机、"I"为开机

图 5-23　充不上电相关部位

主机不工作时，建议不要关闭主机底部电源开关，使其保持充电状态，以便更好地进行工作。

例3　故障现象：

科沃斯 CEN630 扫地机器人轮子不转动

检测维修：首先检查驱动轮里是否被毛发或异物缠绕，清除毛发与异物；然后检查插座是否松动，重新插紧插件；再检查驱动轮是否缺油，加注润滑油；最后检查主板上的轮子驱动电路是否有问题。若只有一个轮子不转，此时交换左右轮子插座，然后启动机器人，当还是之前那个轮子不转，说明这个轮子组件已经损坏，需更换新的轮子组件；若两个轮子都不转，则说明问题可能出在主板。主板与驱动轮组件如图 5-24 所示。

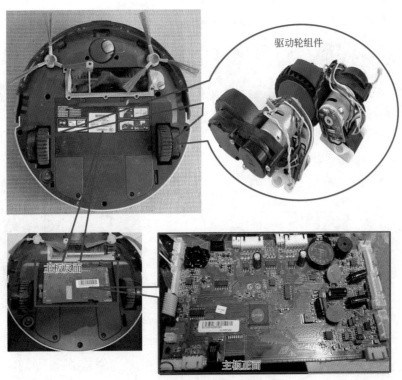

图 5-24　主板与驱动轮组件

❖ 提示 机器启动往一边斜走，走走停停或撞到墙后就暂停，说明主板有问题，最好更换新的主板。

科沃斯 CEN630 扫地机器人工作时间短

　　检测维修：当电池保养不当（未充满电工作）、工作地表因素（地面不平或其他因素）、家具过多或摆放不整齐等均会提前让扫地机器人电池老化。首先检查是否是电池问题引起，拆开两个电池舱（两组 6V 电池，工作电压是 12V，充电电压14V），用万用表测两组电池分别为 6.47V、5.29V，故说明有一组电池存在问题，再检测有问题的那一组电池的每节电池，如果发现有一节电池电压为零（正常电压值应为 1.3V 左右），则更换整组电池即可（如图 5-25 所示）。若检查电池正常，则检查主板充电电路是否有问题。

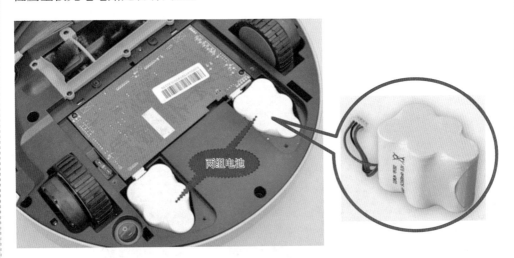

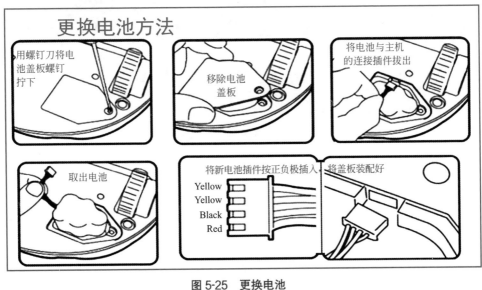

图 5-25　更换电池

正常情况下，扫地机器人的电池使用半年基本不会出现衰老状态，但如果由于以上几个因素，会提前让扫地机器人电池老化，所以电池的保养非常关键。

例5 故障现象:

科沃斯 TBD710 扫地机器人工作过程中停机并报警

检测维修: 首先检查电量是否充足，可能是电量不足导致扫地机器人停止工作；然后将扫地机器人翻转过来，检查一下滚刷是否被毛发卡住（如图 5-26 所示）、轮子与边刷内部是否被毛发缠绕、下视传感器太脏等。

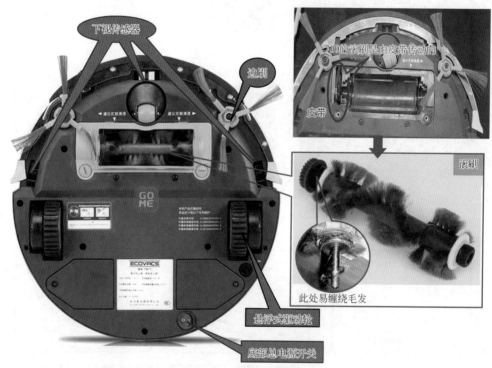

图 5-26 滚刷被毛发缠绕

◆ 提示 该机型滚刷两端密封滑轮内侧不易发现的地方容易缠绕毛发而增大主滚轮阻力，此时系统会判断主滚轮被缠绕而启动自救模式，进进退退地不清洁，故清理主滚刷时，应拆下来才能清理缠绕在轴上的毛发。

科沃斯 CEN82 扫地机器人使用一段时间后爬坡能力变差

检测维修： 首先检查驱动轮的外层胎纹是否磨损了，胎纹磨平后就会造成轮子打滑；然后检查驱动轮电动机是否老化、齿轮箱是否磨损；再检查电池是否老化造成动力不足，让机器充满电进行一次完整的清扫并记录清扫时间，与原来的比较，当时间明显缩短说明是电池问题；最后检查驱动轮电动机的采样电阻（过流保护）是否失效（阻值变大），使电动机的驱动力变小，引起扫地机器人爬坡能力变差，相关实物如图 5-27 所示。

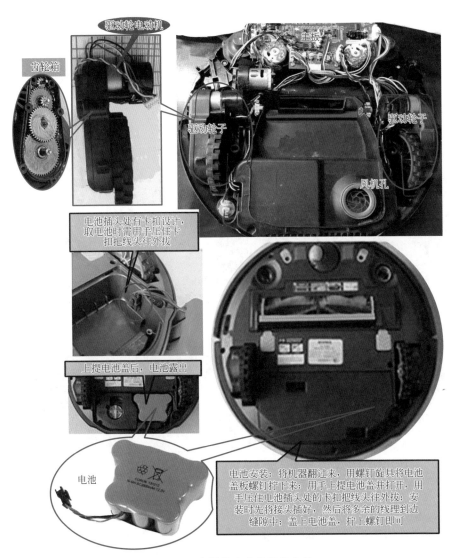

图 5-27　爬坡能力变差相关实物

◆ 提示 当机器工作时的噪声比原来大了许多、机器行走时左右晃动较之前明显或者不走直线等问题可能是电动机老化或齿轮箱磨损。

例7 故障现象:

科沃斯 CR120 扫地机器人充电异常

检测维修:首先检查电池是否正常,试将电池放到另一台 CR120 机上如果能正常工作和充电,则排除电池有问题的可能;然后检查适配器是否有问题,将电源适配器插在机器人侧面充电孔充电观察(原装适配器的输出电压是 24V),若适配器不能充电,但机器人能在自动充电座上充电,说明问题出在适配器上,需要更换一个相同型号的适配器;再检查充电座充电电极片是否有问题,如果充电电极片氧化,可用干抹布或用牙刷蘸牙膏清洁,务必擦拭干净;最后检查主板是否有问题。充电异常相关实物如图 5-28 所示。

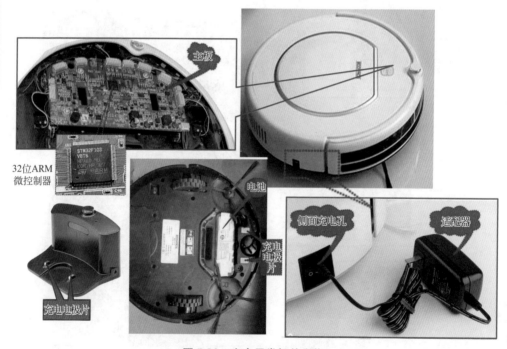

图 5-28　充电异常相关实物

◆ 提示 若适配器和充电座两个都不能充电,机器轮子不动,说明轮子驱动被击穿造成电池短路,所以充不进电。

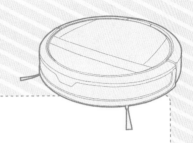

第六章

扫地机器人的维护保养

第一节　日常维护保养

维护保养好智能扫地机器人，有益于延长机器的寿命，也能使其发挥更好的性能，以下介绍几点机器人的日常保养维护方法。

1. 远离高温或潮湿的环境

机器人尽量避免在潮湿的环境（如厨房或卫生间等有水渍的地方）中使用，进水后机器内部电路板和其他零部件（如底部充电对接电极片）、电动机以及电池受潮，腐蚀后会变坏甚至发生短路从而损坏机器。如果不是干湿两用的扫地机器人千万不要吸水。

高温环境下尽量减少使用扫地机器人，以免机器内部因运转温度过高，加上散热不好而烧坏机器；另外电池一般均标有安全使用温度范围（大概是 -10 ～ 50℃），若超过电池使用温度范围后（内部的电解质溶液就会出现副反应而生成大量气体造成电池失水，内阻增大，容量严重下降），会影响其使用寿命，甚至导致电池爆炸而损坏机器。同时，还要注意扫地机器人的防火，避免火源（如燃烧的烟头）吸入扫地机器人，引起扫地机器人起火，从而损坏机器。

2. 定时清理边刷和滚刷

扫地机器人在工作过程中刷组（边刷以及滚刷）上难免会缠绕上毛发和细织物等，如果长期不进行清理，会加大电池的运行负荷，从而影响电池的使用寿命，严重的话会直接烧坏电动机。故建议每周定期将刷组卸下来进行清理，一般的扫地机器人厂家均配备清理工具，如果没有配置也可以用牙刷等工具进行清洁。清理必须要彻底，如果刷毛出现卷曲现象，可用80℃的水烫一下，卷曲严重或污染严重的一定要及时更换。

3. 定时清理感应头及机身底部

感应头相当于机器人的眼睛，若其被灰尘蒙蔽了，就会盲目地打扫，故应定期（一般 3 ～ 5 周）使用柔软干净的布擦拭。除此之外，机身底部更易堆积灰尘，过多的灰尘不仅会遮挡红外感应器，而且可能会进入机器内部造成内部温度升高，严重的话甚至导致主板短路被烧毁。故建议用户定期（间隔 3 ～ 5 个使用周期）对机器人底盘进行一次彻底的清洁，清洁机身底部灰尘时可用吹耳球（或吹风机的冷风模式）吹机器底部的缝隙处。

4. 定时清理集尘盒

集尘盒是装垃圾的，一定要及时进行清理，否则垃圾长时间存放会滋生细菌，对房间造成二次污染。同时，如果垃圾过多，造成尘盒溢出，灰尘可能遮挡红外感应器，使其工作异常；严重时垃圾有可能进入机器内部腐蚀机器零部件（机器人的内部配件都比较精密），从而导致机体短路损坏。建议每周取出集尘盒清理一下，清洗时把滤网一起清洁干净（将过滤网用抹布擦干，放到干燥的地方风干和自然干，否则过滤网容易被腐蚀），这样可以保证滤网的通透性，滤出新鲜空气。

5. 定时清理电池

电池是电动机运转的动力源，若长时间不清理，电池会堆满灰尘，电极也会因为灰尘接触不良，造成短路或者损坏，故应定期给电池除尘。

第二节　计划养护

智能扫地机器人的寿命一般是 3 ～ 5 年，但是如果日常使用中保养不当，可能会缩短扫地机器人的寿命。在定期保养中应注意以下几点。

1. 定期清理

每隔 3 ～ 5 个周期对扫地机器人彻底清洁一次，保持干净。

初级滤网和高效滤网都可更换，建议初级滤网使用 15 ～ 30 天左右用水冲洗一次，并置于阴凉通风处风干，不可挤压。高效滤网最大使用寿命为 3 个月，清理时可通过拍打来清洁，不建议直接水洗。

> ❖ 提示　当扫地机器人噪声变大或某个电动机发热明显，这说明该电动机或变速机构缺油，应定期加注润滑油。特别是中刷两头的滚轴应定期加注润滑油。

2. 更换配件

智能扫地器人的配件（常换的配件有边刷、胶刷、毛刷、滤网）应定期检查并进行更换，更换周期可能不完全一样，根据使用频率和家庭环境不同而定（取决于磨损程度）。

一般一块滤网最大的使用寿命在 24 个月左右，超过 24 个月建议更换新的滤网；超过使用寿命的滤网，外观上虽完好无损，但是内部的材质已经老化失效，过滤效果就会变差。边刷建议使用 3 ～ 6 个月左右更换，主刷建议 6 ～ 12 个月左右更换。

第三节 专项保养

一、尘盒与滤网的清理

每台机器人尘盒设计不太一样，现以科沃斯扫地机器人为例，介绍尘盒与滤网的清洁方法：

① 按下尘盒上面的按钮，向外轻轻拖拉即可取出尘盒；然后打开尘盒锁扣，打开尘盒，将盖里的垃圾倒入垃圾桶内（如图 6-1 所示）。

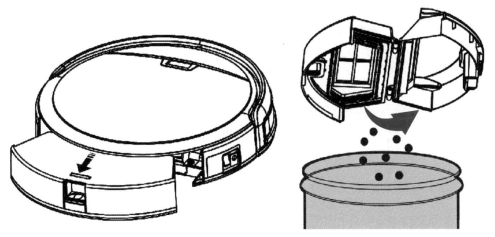

图 6-1　清理尘盒垃圾

② 拆下精细过滤棉和高效过滤组件（HEPA），用清理小工具的毛刷清理初级滤网上的灰尘（注意里外两面都要清理）；然后拍打高效过滤组件（HEPA，不建议水洗），用水冲洗尘盒和精细过滤棉，如图 6-2 所示。

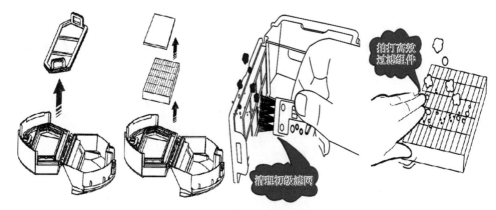

图 6-2　清理过滤组件

　　③ 冲洗尘盒、初级滤网和精细过滤棉，晾晒尘盒及滤材组件，保持干燥以保证其使用寿命，如图 6-3 所示。

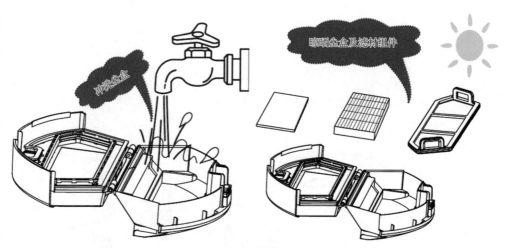

图 6-3　冲洗尘盒与晾晒尘盒及滤材组件

　　④ 将滤网重新装回垃圾盒，盖上垃圾盒盖子，将垃圾盒安装到主机上。

二、渗水抹布组件的清理

1. 清理渗水抹布

　　取出渗水抹布组件，拆下渗水抹布，然后冲洗并晾晒渗水抹布，如图 6-4 所示。

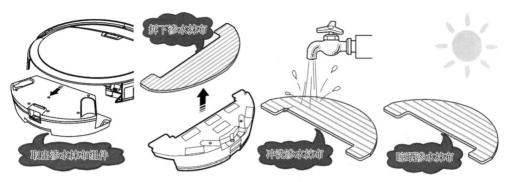

图6-4 清理渗水抹布

2. 清理蓄水器

取下渗水抹布组件，拆下渗水抹布，倒掉蓄水器内剩余的水，然后擦干蓄水器并晾干，如图6-5所示。

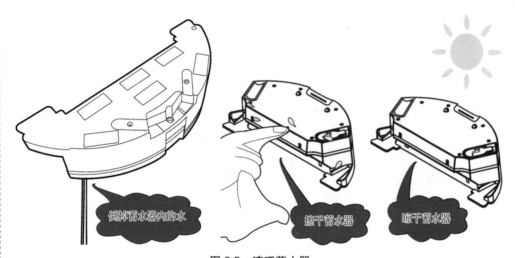

图6-5 清理蓄水器

三、滚刷与边刷的清理

1. 清理滚刷

用手按下卡口，即可取下滚刷盖板；割断缠绕在滚刷上的毛发和细物（便于清理），用工具将毛发清理干净，然后再将安装滚刷底座处的灰尘清理干净；拔出滚刷两端的固定螺母，即可清理滚刷轴心端口和螺母中的毛发，如图6-6所示。

图 6-6　清理滚刷

重新安装后，再用手转动一下滚刷，能正常转动即可。

❖ 提示　拆下的滚刷，应检查各滚刷封条的完整性及磨损程度，对磨损较严重的封条及滚刷及时更换，进行更换的同时还需检查连接部位的张紧度，并采用相应的工具对其进行张紧。

2.清理边刷

用螺丝刀拧下固定边刷的螺钉，拔出边刷，用小工具清理边刷上的毛发，用干净的清洁布擦拭，如图 6-7 所示。

图 6-7　清理边刷

❖ 提示 清洁好边刷进行安装时，要注意边刷上的 L（左）、R（右）字母，L 边刷一定要安装在左边（正对安装面）；R 边刷一定要安装在右边（正对安装面）。若未安装正确，扫地机器人会出现扫地跳动现象，有时会自动停机。

四、万向轮的清理

将扫地机器人翻转过来，捏住轮体用力向上可以拔下万向轮，再拿住万向轮支架用力捏住轮体向上拔可分离支架和轮体。清理缠绕在轴上面的毛发和其他细物，再清理安装万向轮位置处的杂物和灰尘，同时用一块干抹布将红外线探头擦拭干净。清理后压紧并装回即可，如图 6-8 所示。

图 6-8　万向轮的清理

五、驱动轮的清理

清理左右两个驱动轮上的毛发或杂物，若缠绕在滚轴上的毛发难以清除（因轮与机壳间的空隙太小），则将后轮拆下来，把缠绕在后轮滚轴上的毛发清理干净，再重新安装好，如图 6-9 所示。

◆ 提示　清洁好的驱动轮进行安装时，要注意左右之分［驱动轮组件上标注有 L（左）、R（右）字母］。如不按要求，则左右驱动轮就无法安装。

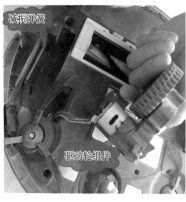

清理驱动轮

减振弹簧

驱动轮组件

取下固定轮子与滚轴的螺钉

清理螺钉周围的污垢

清理滚轴上的毛发与灰尘

图 6-9　驱动轮的清理

六、感应器、充电极片等其他组件的清理

使用清洁工具或干燥软布轻轻擦拭主机和充电座的充电电极片、下视感应器、灰尘感应器等，如图 6-10 所示。注意勿使用湿抹布，以防进水造成损坏。

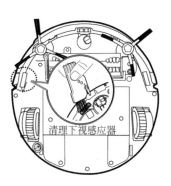
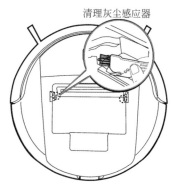

清理灰尘感应器

清理下视感应器

图 6-10

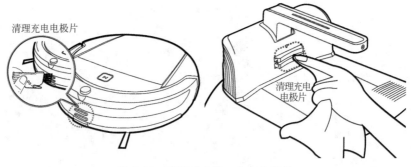

清理充电电极片

清理充电电极片

图 6-10　清理感应器、充电电极片

七、蓄电池的保养

蓄电池是扫地机器人的动力来源，电子产品的电池都有使用寿命，一般扫地机器人的电池使用寿命约在两年半（视保养和使用次数而定），使用或保养不当均会大大缩短其寿命。扫地机器人的电池如何做好保养，使用时应该注意以下几个方面。

① 让电池充分地放电和充电，以提高电池使用寿命。但不要过度放电，锂电池放电时间有一定的范围，这要看机器人的功率有多大，若机器人在工作时锂电池电量只剩余 20%，仍然继续工作，直到机器人把电量用完，此时就造成了锂电池的过度放电，长期这样就会降低锂电池的使用寿命。

② 对电池充电尽量不要过充，过充电易造成锂电池中的电解液分解释放出气体，从而导致电池鼓胀，严重的话甚至引起火灾。

③ 出门时要打开充电座，让机器人主动回充，若经常直接断电停止作业会对机器有所损害；如果长期不使用机器人时，应给锂电池充电到 95%（不可空电放置），再拆掉电池，放置到阴凉干燥处保存，切勿暴晒电池。

④ 检查电池使用一年后亏电与放电是否正常，对于发生亏电及放电较为严重的蓄电池应及时进行修复，并根据电池的酸液位置进行相应的增添。

⑤ 目前市面上大多数扫地机器人主要是以锂电池为主，还有部分扫地机器人采用镍氢电池和镍镉电池。镍氢电池和镍镉电池（具有剧毒性，目前已经逐步被淘汰）有记忆效应，故使用这两种电池的扫地机器人时要注意，要等电量用尽以后再进行下一次充电，充满了再进行使用，否则易折损电池的寿命。

八、电动机的保养

电动机是智能扫地机器人的核心部件，电动机的好坏在相当程度上影响着智能扫地机器人的运行，而影响电动机寿命的主要因素有以下几点。

① 扫地机器人避免长时间不间断地工作，否则会导致电动机发热而影响电动机寿命。

② 定期清洁吸尘器内部的灰尘（如边刷、滚刷需要及时清理），若不及时清理，电动机因负荷变高会受到较大扭力而引起电动机发热。情况不严重的话只是会加大电池负荷，影响电池寿命，严重的话会直接烧毁电动机。

③ 避免高温。温度高（尽量在环境温度35℃以下的情况使用）时尽量避免使用扫地机器人，若环境温度过高，易使电池很快发胀报废。夏季最好不要将扫地机器人放在高温环境（如阳台等易暴晒地方），长期高温将会影响电动机寿命。

④ 避免扫地机器人清扫易燃垃圾（如火柴、打火机等），造成扫地机器人无刷电动机发热，甚至引起火灾。

⑤ 避免机器在太潮湿的地方使用，避免机器的电动机或其他零件受潮损坏。

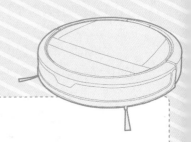

附录

附录一　选购使用资料

一、如何选购扫地机器人

购买智能扫地机器人时应注意以下几点。

1.品牌的选择

目前市面上扫地机器人的品牌繁多，尽量选择好的品牌，好的品牌不仅能够提供先进的技术支持，还有完善的售后服务（因时间推移和各种主观或者客观因素，后期机器人会存在一系列的维修问题，此时品牌售后的优势就体现出来了）；三无小品牌因为技术不过关，并且处于正在萌芽的时期，售后可能得不到保障。

扫地机器人专业品牌有斐纳（TOMEFON）、iRobot、浦桑尼克（Proscenic）、科沃斯、福玛特、戴森等；传统家电企业中的扫地机器人品牌有海尔、美的、LG、飞利浦、松下等。

2.适用范围的选择

扫地机器人可清扫的地面类型比较多，如木地板、瓷砖、大理石、地毯、毛毯、水泥地等，一般都是较为平整的地面。挑选扫地机器人可以根据地面情况进行选择，若是木地板并铺设有地垫地毯的，最好不要选择有湿拖功能的（反复湿拖，水分会渗透到木地板中，从而损坏木地板），另外在清扫功能上要选择 V 形浮动滚刷设计的，此功能的扫地机器人是专门针对地毯清扫设计的，防缠绕功能比较强，浮动清扫对毛发、线絮的清扫效果好。

3. 清扫能力的选择

扫地机器人是用来做清洁工作，故清扫能力是选购扫地机器人的要点。清扫能力主要由吸力和清扫系统来体现，清扫过程中有两个步骤，一个是扫，一个是吸，因此清洁能力很大程度上取决于电动机。电动机是扫地机器人的吸尘动力源，电动机的好坏直接影响扫地机器人的清洁能力和效果，故在选购扫地机器人时，电动机选择应注意以下四点：转速高、吸力大、使用寿命长、工作噪声小（比如数码变频电动机或者无刷电动机就具备这些优点）。

4. 清扫头的选择

扫地机器人的清扫头（吸尘口）决定了能否将其接触到的灰尘全部清扫干净，高效的扫地机器人清洁头可任意旋转并且滑动，可将墙角及家具周围等处都打扫得非常干净。吸尘口分为滚刷式和吸口式两种（如附图 1-1 所示），滚刷式适用于灰尘较多的环境，但毛发较多时滚刷就易被缠绕（应及时清理），而吸口式的就比滚刷式更适用。简单地说，在灰尘较多的地面选用滚刷式效果好，而有长发或养宠物的家庭，则选用吸口式用起来更省心，同时建议选择万向轮可拆卸的。

附图 1-1　吸尘口

5. 电池的选择

续航是扫地机器人有效工作的前提保障，而续航能力的大小主要由电池决定，电池容量越大续航能力越强，面积较大的房子应该选择续航能力更强的扫地机器人，故最好选择大容量、寿命长、安全性高的电池。一般家里面积大的，尽量选择 2200mA·h 以上的，小户型的可以选择 1800 ～ 2200mA·h 的。

市面上的扫地机器人一般采用聚合物锂离子电池（简称锂电池）、镍氢电池、磷酸铁锂动力型电池供电，不同的电池类型使用寿命也各不相同。相对来说，锂电池的使用寿命、使用周期更长、更安全，当然价位也相对较高，一些大牌的高端扫地机器人都会采用锂电池供电；而镍氢电池安全性和稳定性较好，但是体积较大，不能做到快速充电、即充即用，目前国外品牌大多采用这种电池。磷酸铁锂动力型电池综合了以上两种电池的优点，具有体积小、稳定性好、随充随用和耐高温的优点，当然，与前两款电池一样，对环境都是有一定的污染性，但是相对较小，目前中国台湾品牌浦桑尼克大多数机型采用这种电池。

6.电动机的选择

市面上智能扫地机器人用的电动机分有刷电动机和无刷电动机两种。

有刷电动机又称炭刷电动机，它属于比较老式的电动机，缺点较多，比如工作时声音大、耗电量大、寿命短（约5000h，正常使用是2～3年，后期更换频率高），且后期维护麻烦等，目前部分品牌为了减少造价成本用的是这种电动机。

无刷电动机又称为直流电动机，它是经过现代技术改良的电动机（通过结构的改良，使炭刷避免了磨损，减少了后期维护的成本），具有转速高、寿命长（工作20000h左右，可以正常使用7～10年）、吸力大等特点，现大部分扫地机器人均采用这种电动机。

7.噪声的选择

扫地机器人在工作时难免会产生噪声，噪声偏大是因为采用了高速旋转风机产生负压收集尘埃的工作原理，因此噪声无法降至很低。在选购机器人时，尽量选择那些超低音设计或者机身配有消音装置的扫地机器人，特别是家里有小孩和老人一定要选择超静音的。

8.功率的选择

功率的大小主要决定了机器的工作效率以及时间的长短，功率越大清洁越彻底，家庭中使用扫地机器人的功率普遍都在20～50W之间，当然还有比这个功率更高的。

在选购机器人时可根据自己的实际使用情况来选择功率，例如：若房间面积较小，可选择功率小一点的，而大面积房间则要选择功率大的；若家里地面铺的是瓷砖和木地板，功率可选择小一点（因这样的地板易打扫），而家里地面是地毯、普通的水泥地面或者其他不是很平很光滑的地面，则建议选择大功率的扫地机器人。

9.尺寸的选择

扫地机器人的高度是用户在选购时容易忽略的关键点，然而在家居生活中，床底、衣柜底、沙发底等这些低矮区域是日常清洁中的盲区，因此选购扫地机器人一定要根据家里的家具高度来选择，若机器太高就不能钻到家具下面去打扫；若太矮小虽能轻松地清扫家具下面的卫生，但太薄的机器势必要压缩扫地机器人的内部设计（如灰尘盒会偏小、电器的容量偏小而影响续航），从而导致整体性能下降。为了避免扫地机器人卡在低矮空间中，选购时最好留有余量，例如：扫地机器人的高度是8cm，那么家中低矮空间至少要大于8.5cm。

扫地机器人大部分是圆形（极少部分是前方后圆的），高度大约在15cm以下（有的高些，有的矮些），直径大约在30～40cm。

10. 智能化程度的选择

选择扫地机器人的必备功能需包含：自动回充、预约清扫、防碰撞、防跌落、防缠绕、路线规划等功能。智能化程度越高，在这些方面就表现得越灵敏，比如：①预约清扫，在用户设定好的时间准时出来清扫；②电量不足时，能够自动回到充电座上充电，不需要人工操作；③防碰撞，在遇到前方有东西时，及早减速行驶转弯，防止造成碰撞损伤；④防缠绕，当碰到易发生缠绕的物品（比如地毯流苏、垂地窗帘以及电线等），有脱困能力；⑤防跌落，在高处边缘自己退回，遇到阻碍自己绕开，防止扫地机器人跌落；⑥越障能力，清扫过程中难免会碰到各种障碍物（比如略微高起的地面隔断、门坎等），此时机器能自己上下坡越障。

11. 售后服务与保修

扫地机器人使用过程中难免会出现故障，此时就需要商家的售后服务，所以售后服务的承诺也是选购扫地机器人时考虑的一个方面。通常一些老品牌（或者大品牌）要比新品牌（或者小品牌）售后做得好，原因不外乎老品牌是经过多年的积累沉淀才成就了现在的行业地位，这些积累里除了产品技术外，更多的就是完善的售后服务；而小品牌或新品牌可能没有维修部门或者售后服务不到位，对于用户的损失也是相当大的，因此应尽量挑选品牌购买，其在售后服务上有一套成熟的体系，能够更好地保证用户的利益。

免费保修期限也是一个重要的考量，常规都是1年，也有2年和3年的，同时注意电池的免费保修期限。

二、如何安全使用扫地机器人

安全使用扫地机器人应注意以下几点。

① 勿让精神有障碍的人、儿童使用或操作机器。若需要使用，应在监护人的监督指导下进行。勿让儿童或宠物站在机器上（如附图1-2所示），或将机器作为玩具玩耍。主机工作时应监督儿童和宠物尽量远离。

附图 1-2　勿让儿童或宠物站在机器上

②　使用前，应移除地面上所有易损物品（如玻璃杯、灯具等）以及有可能缠住边刷和吸风通道的物品（如电线、纸片、窗帘、地毯的边穗等），避免主机在运行中受阻或轻微碰撞时导致家中的贵重物品损坏。移除地面上易损物与受阻物，如附图 1-3 所示。

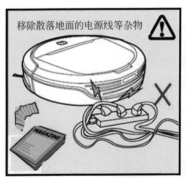

移除散落地面的电源线等杂物

将地毯的边穗卷起

移除灯具

附图 1-3　移除地面上易损物与受阻物

③ 若存在诸如楼梯等悬空环境，应先测试产品看其是否可以检测到悬空区域边缘而不跌落。应在悬空区域边缘设置防护栏以防产品跌落（如附图 1-4 所示）。应确保该防护设施不会引发磕绊等人身伤害。

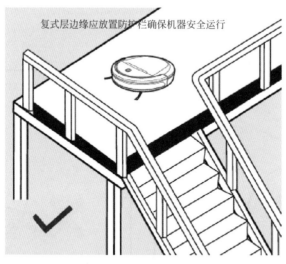

附图 1-4　设置防护栏

④ 主机工作时，勿让人体的头发、衣服、手指等部位靠近机器的开口和运行部件。

⑤ 勿在有明火（如附图 1-5 所示）或易碎物品的环境中使用机器；在极热（高于 40℃）或极冷（低于 -5℃）的环境中也不要使用机器。

附图 1-5　明火环境

⑥ 勿在潮湿或有积水的地面上使用机器（如附图 1-6 所示）；禁止机器吸取诸如石子、废纸等任何可能堵塞机器的物品；禁止清扫易燃物品（如汽油、打印机或复印机用的调色剂和色粉）和任何正在燃烧的物品（如香烟、火柴、灰烬及其他可能导致火灾的物品）；勿让主机吸取硬物或尖锐物体（如装修废料、玻璃、铁钉等）。

附图 1-6　勿在潮湿或积水地面使用机器

⑦ 勿过度折弯电线，或将重物及尖锐物品置于机器上。

⑧ 勿将激光测距传感器保护盖、主机上盖及碰撞缓冲器作为提手搬运机器。

⑨ 在关机或断电状态下清洁或维护主机及充电底座。

⑩ 勿使用湿布或任何液体擦拭机器任何位置，禁止用水直接冲洗产品，否则将造成短路损坏。

⑪ 小心使用电源线避免其损坏。勿利用电源线拖拽或提拉机器及机器充电座，禁止将电源线当作提手，禁止把电源线夹在门缝里，禁止在尖角和拐角处拉动电源线。禁止机器在电源线上运行，同时电源线应远离热源。

⑫ 为延长电池的使用寿命，长时间不使用时应将电池拔出；长时间不用或运输过程中，应关掉机器的电源开关。

⑬ 为了避免主机在清扫过程中被卡住，家具和家电应摆放整齐，家具底部的空隙较小可能卡住主机，若需清扫，应垫高家具（如附图 1-7 所示）。

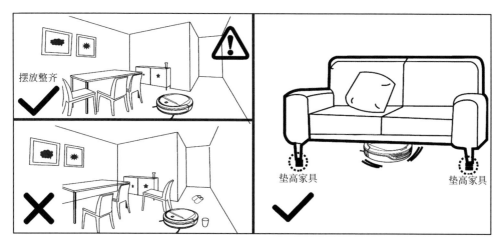

附图 1-7　家具、家电的摆放

附录二　维修资料

一、地贝扫地机器人故障代码

故障代码	代码含义	处理方法	备注
E01	左边驱动轮工作异常	检查具体情况，是否有异物卡住等现象	
E02	右边的驱动轮工作异常	检查具体情况，是否有异物卡住等现象	
E04	机身被悬空	将机身重新放置到地面上即可	
E05	悬崖感应设备错误，无法正常感应到悬崖高度，产生这一错误容易导致机身掉落到地上，摔坏机身	可以用干毛巾清洁底部的感应设备，如果还不能解决，有可能是感应器坏了	适用于地贝X500 机型
E06	保险杠感应设备出错	检查保险杠是否灵敏，是否有异物	
E07	左边边刷停止工作	检查具体情况	
E08	右边边刷停止工作	检查具体情况	
E09	机身被缠住无法动弹，比如缠绕到了电线或者窗帘上	帮扫地机器人摆脱困境，然后重新开机	
E10	充电时底部开关没开启	把开关打开即可恢复正常	
LO	低电量提示	连接到充电座充电	

二、智歌（Zeco）扫地机器人故障代码

故障代码	代码含义	处理方法	备注
E001	悬崖探测系统故障	清除智能扫地机器人地面感应部位的灰尘或其他遮挡物	适用于Zeco V770机型
E002	主毛刷系统故障	检查主毛刷是否有杂物或电线、毛发缠绕，清除杂物	
E003	电池电量不足	使用电源适配器进行人工充电后使用	
E004	左右轮故障	检查智能扫地机器人地面左右轮，清除杂物	
E005	集尘盒未安装或接触不良	检查集尘盒，重新安装	

三、智意（ILIFE）扫地机器人警示代码

机型	警示代码（提示音）	代码含义	处理方法	备注
T4	嘀一声	驱动轮异常	检查驱动轮	当机器出现某些常见故障时，红灯长亮，同时响起提示短音警示
	嘀二声	下视传感器或缓冲撞板异常	清洁下视传感器，检查缓冲防撞板是否异常	
	嘀三声	主机被困住	将主机移动到空旷的地方，重新开机	
	嘀四声	滚刷异常	检查滚刷	
V5S	嘀一声	驱动轮或边刷停止工作	检查驱动轮和边刷	当机器出现某些常见故障时，三行灯同时闪动，同时响起提示短音警示
	嘀二声	传感器或缓冲防撞板出错	清洁传感器，轻拍缓冲防撞板，检查是否有异物并清洁	
	嘀三声	主机被困住	将主机移到另外的地方，重新开机	
V7、X430、X432、X620、X623、V7S	嘀一声	驱动轮或者边刷异常	检查边刷和驱动轮	当机器出现某些故障时，红灯长亮，同时响起提示短音警示
	嘀二声	悬崖传感器（下视传感器）或缓冲防撞板异常	清洁悬崖传感器（下视传感器），检查缓冲防撞板	
	嘀三声	主机被困住	将主机移动到空旷的地方，重新开机	
	嘀四声	滚刷异常	检查滚刷	
	嘀五声（V7S）	无尘盒提示	检查尘盒的初级、高效滤网是否装入尘盒	

四、智意（ILIFE）X5 扫地机器人故障代码

故障代码	代码含义	处理方法
E01	左边轮停止工作	检查左边轮状况
E02	右边轮停止工作	检查右边轮状况
E04	主机被悬空	重新将主机放置回地面上
E05	悬崖传感器错误	修复或清洁悬崖传感器
E06	保险杠传感器错误	检查保险杠的灵敏性，是否有异物
E10	电源开关未打开	重新打开电源开关后充电

五、智意（ILIFE）X785、X787 扫地机器人故障代码与警示代码

故障代码	代码含义	提示音	处理方法
E11	左驱动轮异常	嘀一声	检查左驱动轮
E12	右驱动轮异常	嘀一声	检查右驱动轮
E13	左边刷组异常	嘀一声	检查左边刷组件
E14	右边刷组异常	嘀一声	检查右边刷组件
E15	滚刷异常	嘀一声	查看滚刷
E21	主机悬空	嘀两声	将主机移到空旷的地方，重新开机
E22	下视感应器异常	嘀两声	清洁下视感应器
E23	红外缓冲防撞板异常	嘀两声	检查红外缓冲防撞板
E31	主机被困	嘀三声	将主机移到空旷的地方，重新开机
E32	风扇异常	嘀三声	重新开机或修理风扇
E33	水箱异常	嘀三声	检查水箱是否安装到位
E41	电池异常	嘀三声	更换电池
E42	前视组件异常	嘀四声	重新开机，若问题依然存在，则拆机进行修理
E43	陀螺仪模组异常	嘀五声	重新开机，若问题仍然存在，则拆机进行修理
LO	电量低	—	将主机遥控至充电座。主机待机时，应保持在充电座上充电状态，确保其随时有充足电量工作

六、米家扫地机器人故障代码

故障代码	代码含义	处理方法
错误 1	激光测距传感器出现异常	激光测距传感器被遮挡或被异物卡住，清除遮挡物或异物，如无法清除，则移动主机到新位置启动；检查激光测距传感器能否在启动后正常旋转，若不旋转可用手指拨动一下看看是否正常
错误 2	碰撞缓冲器卡住了	用双手轻轻拍打主机前部碰撞缓冲器左右侧及周围区域，排除异物，如无异物，则移动到新位置启动
错误 3	主机轮子在运行中悬空	查看主机是否有拖拽异物或者顶住障碍物造成轮子悬空，协助排除异物或障碍物；重新移动到新位置启动
错误 4	主机悬崖传感器出现异常	主机悬空，则移动到新位置启动；悬崖传感器太脏或者被异物遮挡，则擦拭悬崖传感器
错误 5	主机可能卷入异物	主刷可能缠绕异物，取下主刷罩，取出主刷清理刷毛和轴承位置后装回
错误 6	边刷被异物缠绕出现边刷电动机过载	暂停主机并移除缠绕的异物，如果未解除请使用十字螺丝刀拆卸边刷进行清理
错误 7	主轮被卡住出现主轮电动机过载	检查主轮是否缠绕异物，如有则用手缓慢反转主轮拉出异物；主机卡住无法弹出，则将主机拉出后继续工作，如主机经常卡在某些特殊位置则使用虚拟墙或者椅子等物体阻挡
错误 8	请清除主机周围障碍物	主机可能被卡住或困住，清除主机周围障碍物
错误 9	主机检测到尘盒或者滤网未安装	安装尘盒及滤网，并确认滤网及尘盒安装到位，若已安装到位仍然报错，可尝试更换滤网
错误 10	清理或更换滤网	滤网已堵塞，则清理滤网，如滤网使用时间已超过 3 个月，则更换滤网；如主机不小心吸到水或滤网被水洗，则更换滤网
错误 11	检测到强磁场，请远离虚拟墙启动	启动时主机可能太靠近虚拟墙，应将主机移到其他地方启动；主机启动位置有强磁场，如音箱、地插等，应将主机移到其他地方启动
错误 12	电量过低，请充电	电量不足，将主机放回充电座充电后再使用
错误 13	主机充电异常	充电区域因脏污造成接触不良，用干布擦拭主机充电触片及充电座的充电弹片；充电座电源线接触不良，应检查电源线是否插紧；如充电座底部地面不平或将充电座放在地毯上，则应在水平硬质地面靠墙放置充电座
错误 14	电池异常	电池温度过高（40℃以上）或过低（0℃以下），应等待电池温度正常再使用
错误 15	沿墙传感器异常	沿墙传感器被灰尘遮挡，使用柔软干布清理主机右侧的沿墙传感器后再继续工作

故障代码	代码含义	处理方法
错误 16	主机启动时检测到主机过度倾斜	将主机放到水平地面重新启动
错误 17	边刷模组出现异常	边刷模组无法正常工作，尝试重置系统；停止运行主机然后翻转机器，用手指捏住边刷用力反复正转和反转若干转尝试排除故障
错误 18	吸尘风机异常	吸尘风机无法正常工作，可尝试重置系统
错误 19	充电座未通电	充电座电源线可能未插好，应先插好电源线后再尝试回充；主机充电触片及充电座充电弹片太脏无法给主机供电，应清理触片与弹片；确认充电座电源线无破皮或折断，如发现有破皮或折断，应更换后再使用

七、浦桑尼克（Proscenic）扫地机器人故障代码

故障代码	代码含义	处理方法	备注
E1	踩空超时	检查台阶传感器是否有污渍、垃圾，用洁净的干布擦拭传感器的感应窗口	
E2	充电错误	检查电池是否正确安装，充电座是否接上，如果没有问题，用洁净的干布把扫地机器人和充电座垫的充电座弹片重新擦拭一遍	主机（主机告警指示灯）亮起时，显示屏会出现此表错误代码
E3	碰撞超时异常	检查保险杠里面是否有垃圾等异物堵塞	
E4	工作时电池温度过高	暂时停止工作，等待电池冷却再使用	
E5	左轮组发生异常	检查左侧轮子是否固定好	
E6	右轮组发生异常	检查右侧轮子是否固定好	
E7	侧刷发生异常	检查侧刷是否被异物缠绕	
E8	滚刷发生异常	检查滚刷是否被异物缠绕	
E9	风扇发生异常	检查风机内部是否吸入杂物	

八、科沃斯扫地机器人警示代码

机型	警示代码（提示音）	代码含义	处理方法	备注
CEN553、CEN555、CN540、CEN661、CR540、DG801、DG805 等	嘀一声	驱动轮或边刷异常	检查驱动轮、边刷是否被缠绕，并清理异物	当主机出现故障，OTUA 键红灯常亮，且会出长短不一的蜂鸣"嘀"声，可参照此表查询故障
	嘀两声	下视感应器或红外防撞感应器异常	检查下视感应器上是否有灰尘覆盖，擦拭下视感应器，检查红外防撞感应器是否有异物卡住	
	嘀三声	主机悬空或被困	将主机移到空旷的地方，重新开机	
	嘀四声	滚刷异常	检查滚刷	

机型	警示代码（提示音）	代码含义	处理方法	备注
DK561、D80I、DA611 等	嘀一声	驱动轮组件问题	检查驱动轮是否被缠绕，并清理驱动轮	当主机出现问题，主机 OTUA 键（D80I 机型 ▷‖ 键）会红灯闪烁，同时主机会出长短不一的蜂鸣"嘀"声，可参照此表查询故障
	嘀两声	滚刷组件问题	检查滚刷是否卡住，并清理滚刷	
	嘀三声	跌落开关问题或驱动轮异常	检查驱动轮是否被困，若被困请帮助主机脱困；手动拿起机器重新放到地面	
	嘀四声	尘盒异常	检查尘盒是否安装到位，并及时调整	
	嘀五声	电量不足	将主机搬回充电座充电	
	嘀六声	边刷组件问题	检测边刷是否被缠绕，并清理边刷	
	嘀七声	下视感应器问题	检查下视感应器上是否有灰尘覆盖，擦拭下视感应器	
CR333	嘀一声	碰撞板异常	检查碰撞板是否有异物卡住	主机上指示灯变成红色闪烁，可根据提示音"嘀"声的次数，来判断故障所在位置，详情如此表
	嘀两声	悬崖传感器异常	检查悬崖侦测器是否脏污，清洁悬崖传感器	
	嘀三声	其他异常	机器电压过低需要人工协助充电	
	嘀一声	驱动轮异常	旋转轮子，检查轮子是否卡死	主机上指示灯变红色长亮，可根据提示音"嘀"声的次数，来判断故障所在位置，详情如此表
	嘀两声	边刷异常	检查边刷是否被缠死或卡住，清洁边刷	
	嘀三声	风机异常	清理灰尘盒中的垃圾及风道口	
DN620、DN621	嘀一声	主机悬空或被困	将主机移到空旷的地方，重新开机	当主机出现故障，主机 OTUA 键红灯闪烁，且发出长短不一的"嘀"声
	嘀两声	红外防撞感应器异常	检查红外防撞感应器是否有异物卡住	
	嘀三声	下视感应器异常	检查下视感应器是否有灰尘覆盖，擦拭下视感应器	
	嘀四声	其他异常	主机电压过低需要人工协助充电	

机型	警示代码 （提示音）	代码含义	处理方法	备注
DN620、 DN621	嘀一声	驱动轮异常	检查驱动轮是否被缠绕，并清理边刷	当主机出现故障，主机 键红灯长亮，且发出长短不一的"嘀"声
	嘀两声	边刷异常	检查边刷是否被缠绕，并清理边刷	
	嘀三声	风机异常	清理尘盒中的垃圾及风道口	
	嘀四声	滚刷异常	检查滚刷是否被缠绕，并清理滚刷	

九、飞利浦扫地机器人故障代码

代码	代码含义	备注
E1	滚轮卡住	根据故障代码提示，分别进行故障排除处理，该代码适用于飞利浦FC8810机型
E2	顶盖或集尘桶未放好	
E3	缓冲装置卡住	
E4	从地板提起了机器人	
E5	地板颜色太暗	
E6	电池未装好/充电错误（开关已关闭）	

十、海尔扫地机器人故障代码

代码	代码含义	处理方法	备注
E001～E004	地检传感器错误	擦拭地检透明壳灰尘	适用于海尔TAB-T360W探路者扫地机器人
E005、E006	保险杠错误	检查保险杆是否卡住	
E007～E009、 E014～E015	前置传感器异常	擦拭灰尘	

代码	代码含义	处理方法	备注
E010 ～ E013	遥控及自动回充错误	检查回充座是否断电	适用于海尔 TAB-T360W 探路者扫地机器人
E017、E033	吸力异常	清洗尘盒滤网	
E018、E024 ～ E026	电池异常	对电池进行充电	
E019、E023、E027、E029、E032	左轮工作异常	检查左轮子是否有毛发或其他异物缠住	
E020、E022、E028、E030、E031	右轮工作异常	检查右轮子是否有毛发或其他异物缠住	
E040、E042	左边扫工作异常	清理缠在左边扫上的毛发	
E041、E043	右边扫工作异常	清理缠在右边扫上的毛发	
E044	集尘盒尘满或吸风口通道被堵住	清理尘盒或通风口	
异常 1	检查激光雷达是否遮挡	检查或清除激光雷达周围异物，或将主机移动到新位置重新启动	适用于海尔 TAB-T750B、HB-X770W 等机型
异常 2	擦拭悬崖传感器并移到新位置启动	擦拭主机悬崖传感器后重试	
异常 3	检测到强磁场，移到新位置后重试	将主机移动到新位置后重试	
异常 4	检查并清除碰撞传感器异物	尝试按压碰撞传感器，并清除异物后重新启动	
异常 5	主机温度异常，请等待温度恢复正常	主机温度过高或过低，等待温度恢复正常后再使用	
异常 6	充电异常，清理充电接触区域	检查是否使用原装电源适配器；检查充电座是否放于水平位置；关闭主机和充电座电源后，擦拭其金属接触片	

十一、78L05 三端稳压块实物技术资料（附图 2-1）

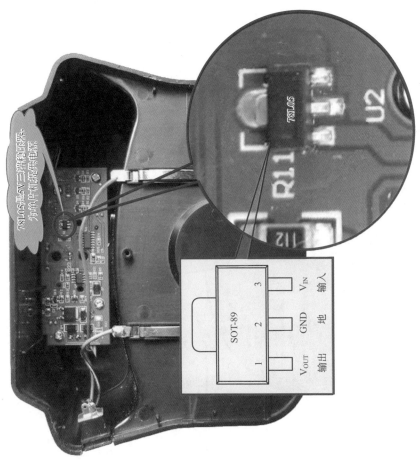

附图 2-1　78L05 三端稳压块实物技术资料

十二、AMS1117 线性稳压器实物技术资料（附图 2-2）

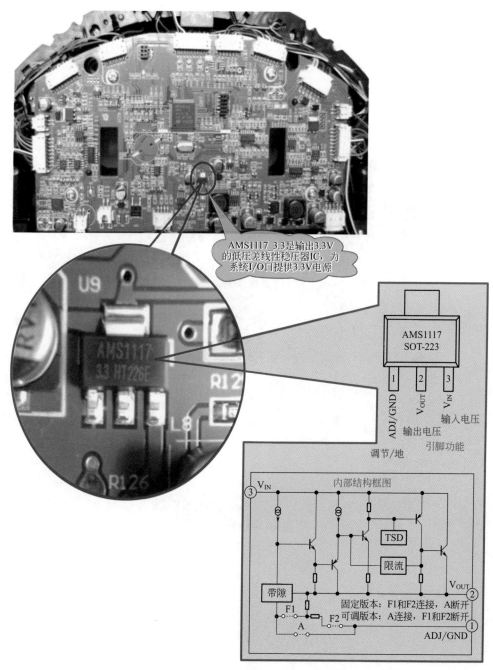

AMS1117 3.3是输出3.3V的低压差线性稳压器IC，为系统I/O口提供3.3V电源

AMS1117
SOT-223

| 1 | 2 | 3 |

ADJ/GND
输出电压
调节/地

V_{OUT}

V_{IN}
输入电压
引脚功能

内部结构框图

③ V_{IN}

TSD
限流

带隙

F1

固定版本：F1和F2连接，A断开
可调版本：A连接，F1和F2断开

V_{OUT} ②

F2

A

① ADJ/GND

附图 2-2　AMS1117 线性稳压器实物技术资料

十三、AXP223 电源系统管理芯片实物技术资料（附图 2-3）

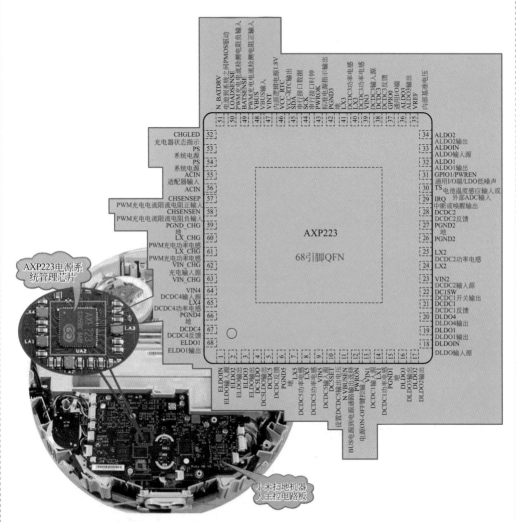

附图 2-3　AXP223 电源系统管理芯片实物技术资料

十四、D882 功率三极管实物技术资料（附图 2-4）

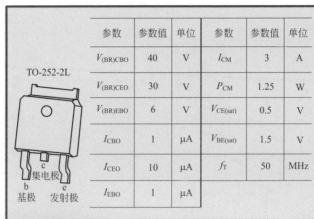

参数	参数值	单位	参数	参数值	单位
$V_{(BR)CBO}$	40	V	I_{CM}	3	A
$V_{(BR)CEO}$	30	V	P_{CM}	1.25	W
$V_{(BR)EBO}$	6	V	$V_{CE(sat)}$	0.5	V
I_{CBO}	1	μA	$V_{BE(sat)}$	1.5	V
I_{CEO}	10	μA	f_T	50	MHz
I_{EBO}	1	μA			

TO-252-2L

c 集电极
b 基极　e 发射极

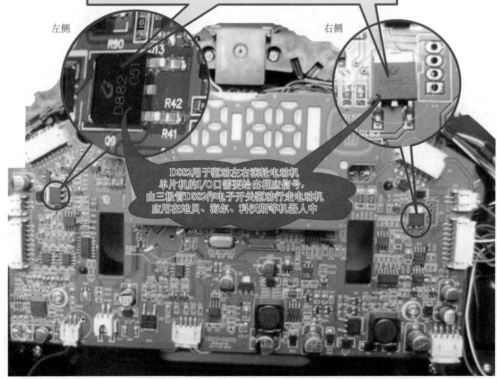

附图 2-4　D882 功率三极管实物技术资料

十五、DRV8801 电动机驱动块实物技术资料（附图 2-5）

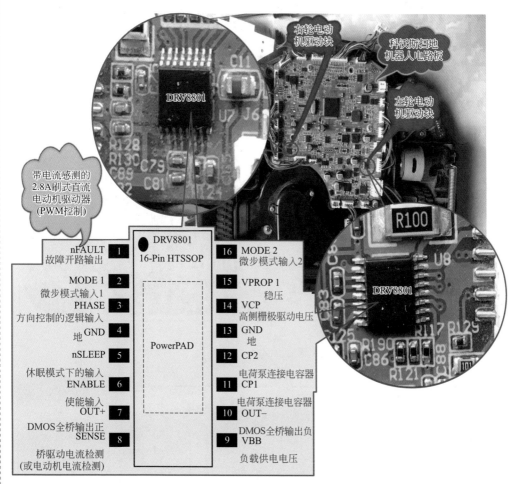

附图 2-5　DRV8801 电动机驱动块实物技术资料

十六、EM78P173NSO14J 单片机实物技术资料（附图 2-6）

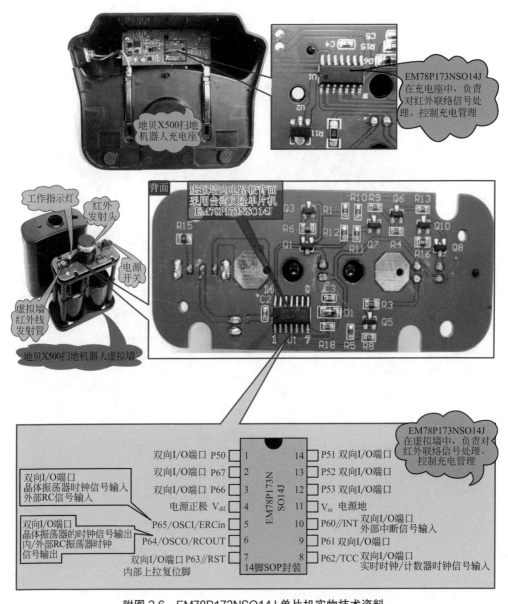

附图 2-6　EM78P173NSO14J 单片机实物技术资料

十七、FDS8958A 双 MOSFET 实物技术资料（附图 2-7）

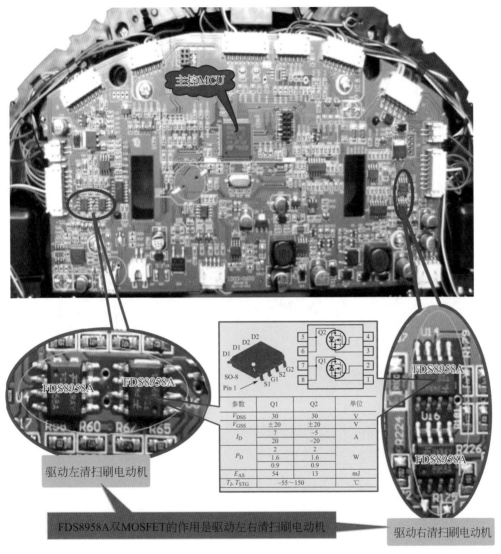

附图 2-7　FDS8958A 双 MOSFET 实物技术资料

参数	Q1	Q2	单位
V_{DSS}	30	30	V
V_{GSS}	±20	±20	V
I_D	7	−5	A
	20	−20	
P_D	2	2	W
	1.6	1.6	
	0.9	0.9	
E_{AS}	54	13	mJ
T_J, T_{STG}	−55～150		℃

十八、FR9024N 场效应管实物技术资料（附图 2-8）

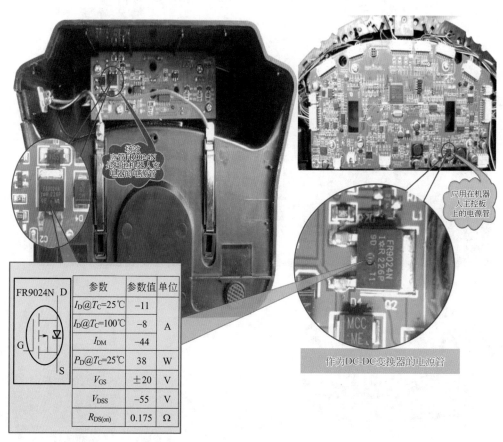

参数	参数值	单位
$I_D@T_C=25℃$	−11	
$I_D@T_C=100℃$	−8	A
I_{DM}	−44	
$P_D@T_C=25℃$	38	W
V_{GS}	±20	V
V_{DSS}	−55	V
$R_{DS(on)}$	0.175	Ω

附图 2-8　FR9024N 场效应管实物技术资料

十九、LM224 四运放实物技术资料（附图 2-9）

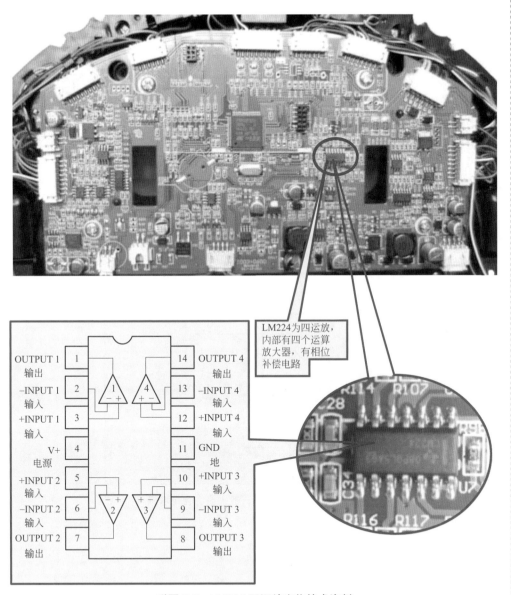

LM224为四运放，内部有四个运算放大器，有相位补偿电路

OUTPUT 1 输出	1			14	OUTPUT 4 输出
−INPUT 1 输入	2	1	4	13	−INPUT 4 输入
+INPUT 1 输入	3			12	+INPUT 4 输入
V+ 电源	4			11	GND 地
+INPUT 2 输入	5			10	+INPUT 3 输入
−INPUT 2 输入	6	2	3	9	−INPUT 3 输入
OUTPUT 2 输出	7			8	OUTPUT 3 输出

附图 2-9　LM224 四运放实物技术资料

二十、LM258 双运算放大器实物技术资料（附图 2-10）

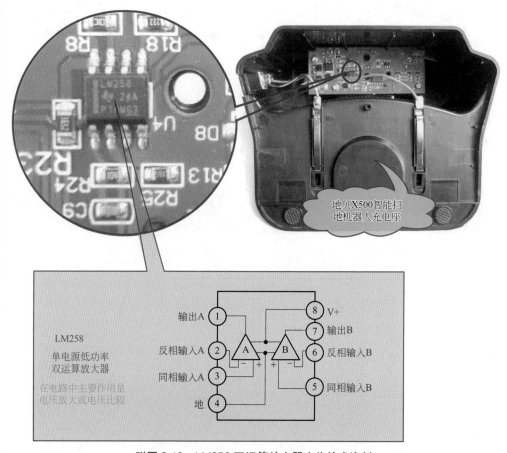

附图 2-10　LM258 双运算放大器实物技术资料

二十一、LM293 电压比较器实物技术资料（附图 2-11）

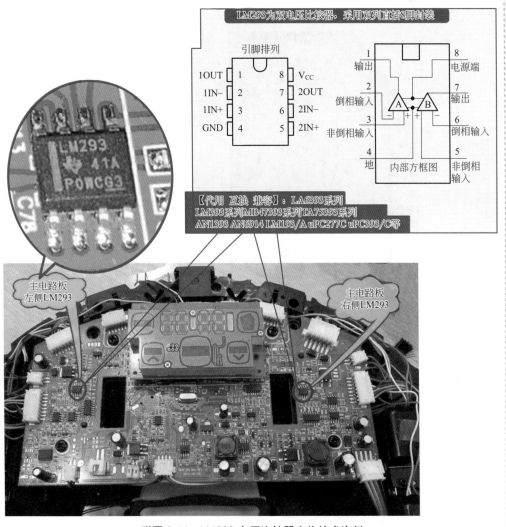

附图 2-11　LM293 电压比较器实物技术资料

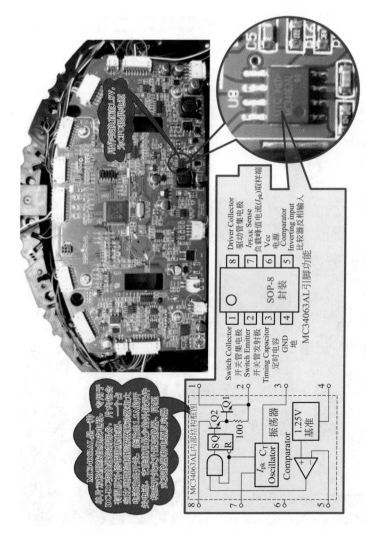

附图 2-12　MC34063AL 升压电路芯片实物技术资料

MC34063AL 引脚功能

1	Switch Collector 开关管集电极	8	Driver Collector 驱动管集电极
2	Switch Emitter 开关管发射极	7	I_{PEAK} Sense 负载峰值电流（I_{pk}）取样端
3	Timing Capacitor 定时电容	6	Vcc 电源
4	GND 地	5	Comparator Inverting input 比较器反相输入

SOP-8 封装

MC34063AL 内部结构框图

MC34063AL 是一种单片双极型线性集成电路，专用于 DC-DC 变换器的控制部分。片内集含有温度补偿带隙基准源、一个占空比周期控制振荡器、驱动器和大电流输出开关。它能输出 1.5A 的开关电流，在不增加晶体管的情况下，它只需很少的外接元件，便可构成开关式升压变换器、降压变换器和电源反向器。

二十三、RTL8189ETV WiFi 模块实物技术资料（附图2-13）

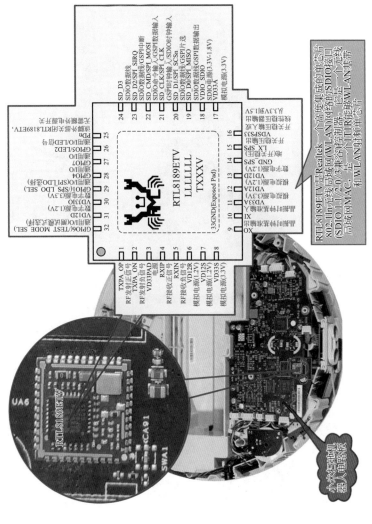

附图 2-13　RTL8189ETV WiFi 模块实物技术资料

二十四、S8050 红外 LED 的驱动管实物技术资料（附图 2-14）

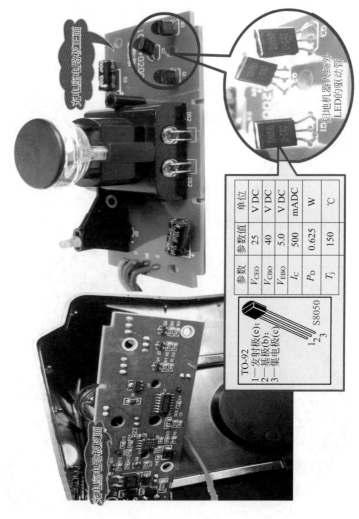

参数	参数值	单位
V_{CEO}	25	V DC
V_{CBO}	40	V DC
V_{EBO}	5.0	V DC
I_C	500	mADC
P_D	0.625	W
T_j	150	℃

TO-92
1—发射极(e);
2—基极(b);
3—集电极(c)
S8050
1 2 3

充电座电路板正面

充电座电路板反面

扫地机器人红外 LED的驱动管

附图 2-14　S8050 红外 LED 的驱动管实物技术资料

二十五、STM32F071VBT6 主控 MCU 实物技术资料（附图 2-15）

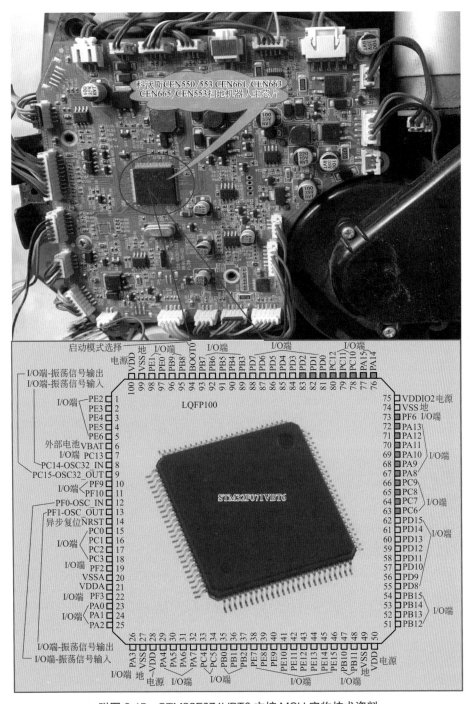

附图 2-15　STM32F071VBT6 主控 MCU 实物技术资料

二十六、STM32F103VBT6 主控 MCU 实物技术资料（附图2-16）

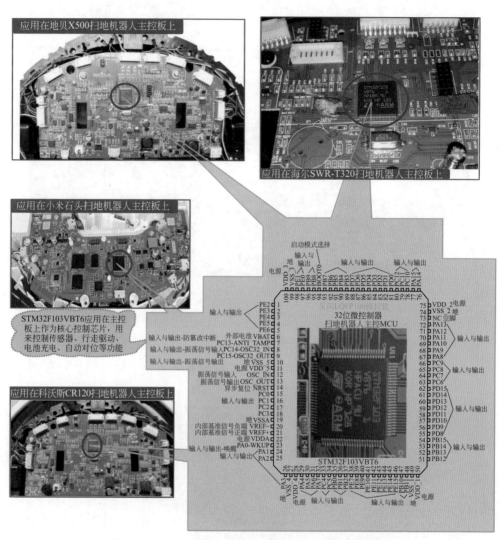

应用在地贝X500扫地机器人主控板上

应用在海尔SWR-T320扫地机器人主控板上

应用在小米石头扫地机器人主控板上

STM32F103VBT6应用在主控板上作为核心控制芯片，用来控制传感器、行走驱动、电池充电、自动对位等功能

应用在科沃斯CR120扫地机器人主控板上

附图2-16　STM32F103VBT6 主控 MCU 实物技术资料

二十七、TM1628 带触控的数码管模块实物技术资料（附图 2-17）

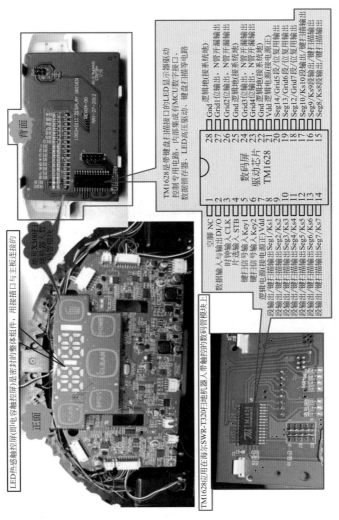

正面

背面

LED热感触摸控(即电容触控屏是密封的整体组件·用接插口与主板连接的)

地图X500主板接电器(人即)

TM1628应用在海尔SWR-T320扫地机器人带触控的数码管模块上

TM1628是带键盘扫描接口的LED显示器驱动控制专用电路。内部集成有MCU数字接口、数据锁存器、LED高压驱动、键盘扫描等电路。

数码屏驱动芯片 TM1628

1 空脚 NC	28 Gnd 逻辑地(接系统地)
2 数据输入与输出DI/O	27 Grid1位输出·N管开漏输出
3 时钟输入CLK	26 Grid2位输出·N管开漏输出
4 片选输入 STB	25 Gnd 逻辑地(接系统地)
5 键扫信号输入 Key1	24 Grid3位输出·N管开漏输出
6 键扫信号输入 Key2	23 Grid4位输出·N管开漏输出
7 逻辑电源接电源正Vdd	22 Gnd 逻辑地(接系统地)
8 段输出/键扫描输出/键扫描输出Seg1/Ks1	21 Vdd 逻辑电源(接电源正)
9 段输出/键扫描输出/键扫描输出Seg2/Ks2	20 Seg14/Grid5段/位复用输出
10 段输出/键扫描输出/键扫描输出Seg3/Ks3	19 Seg13/Grid6段/位复用输出
11 段输出/键扫描输出/键扫描输出Seg4/Ks4	18 Seg12/Grid7段/位复用输出
12 段输出/键扫描输出/键扫描输出Seg5/Ks5	17 Seg10/Ks10段输出/键扫描输出
13 段输出/键扫描输出/键扫描输出Seg6/Ks6	16 Seg9/Ks9段输出/键扫描输出
14 段输出/键扫描输出/键扫描输出Seg7/Ks7	15 Seg8/Ks8段输出/键扫描输出

附图 2-17　TM1628 带触控的数码管实物技术资料

二十八、WTV040-20SS 一次性编程（OTP）语音芯片实物技术资料（附图 2-18）

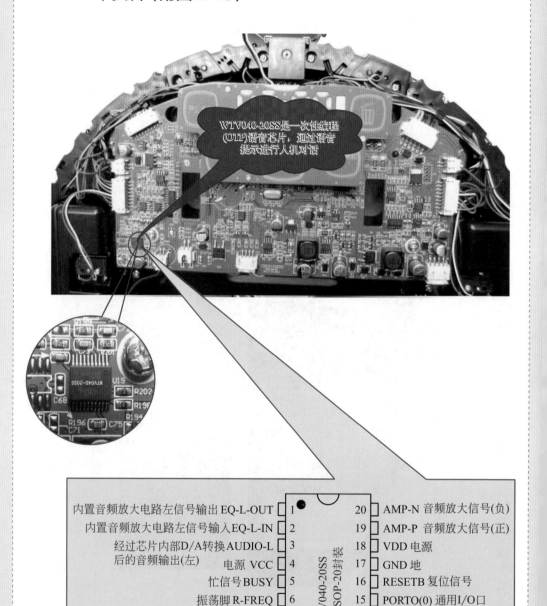

内置音频放大电路左信号输出 EQ-L-OUT □ 1 ┃ 20 □ AMP-N 音频放大信号(负)
内置音频放大电路左信号输入 EQ-L-IN □ 2 ┃ 19 □ AMP-P 音频放大信号(正)
经过芯片内部D/A转换 AUDIO-L □ 3 ┃ 18 □ VDD 电源
后的音频输出(左)　电源 VCC □ 4 ┃ 17 □ GND 地
忙信号 BUSY □ 5 ┃ 16 □ RESETB 复位信号
振荡脚 R-FREQ □ 6 ┃ 15 □ PORTO(0) 通用I/O口
通用I/O口 PORTO(7) □ 7 ┃ 14 □ PORTO(1) 通用I/O口
通用I/O口 PORTO(6) □ 8 ┃ 13 □ PORTO(2) 通用I/O口
编程电源 VPP □ 9 ┃ 12 □ PORTO(3) 通用I/O口
通用I/O口 PORTO(5) □ 10 ┃ 11 □ PORTO(4) 通用I/O口

WTV040-20SS 采用SSOP-20封装

附图 2-18　WTV040-20SS 一次性编程（OTP）语音芯片实物技术资料